Ilona Schöppl

Probleme und Chancen der Schnittstelle intramuraler – extramuraler Bereich

mit besonderer Berücksichtigung der Verantwortungsstruktur

Universitätsverlag Rudolf Trauner
Linz 2002

Approbiert am 3.10.2001

Begutachter: o.Univ.Prof. Dr. Klaus Zapotoczky
                 o.Univ.Prof. Dr. Helmut Schuster

Gedruckt mit Unterstützung des Bundesministeriums für Bildung, Wissenschaft
und Kultur

Herstellung:
Kern: Johannes-Kepler-Universität Linz, A 4045 Linz-Auhof
Umschlag: Trauner Druck, A 4021 Linz, Köglstraße 14

ISBN 3-85487-363-8

Inhaltsverzeichnis

Einleitung 9

1 Aufgabenstellung und Forschungsdesign......................... 13

1.1 Aufgabenstellung..13

1.2 Forschungsdesign 19

2 Hermeneutik der Begriffe
extramuraler/intramuraler, ambulanter/stationärer
·Bereich, Ambulanz und ambulante Behandlung...................... 22

2.1 Extramuraler (ambulanter) Bereich 22

    2.1.1 Definition Hauskrankenpflege 25

    2.1.2 Definition Alten-/Pflegehilfe.. 25

    2.1.3 Definition Heimhilfe 26

    2.1.4 Definition Niedergelassener Arzt.. 27

2.2 Intramuraler (stationärer) Bereich................................28

    2.2.1 Neue Organisationsformen der
intramuralen Gesundheitsversorgung 29

2.3 Ambulanz versus ambulante Betreuung 30

    2.3.1 Höhe der Ambulanzgebühr 31

    2.3.2 Befreiungsgründe von der Ambulanzgebühr......................... 31

2.4 Tagesklinik - Nachtklinik 32

2.5 Ambulanter Sektor im europäischen Vergleich 33

3 Trends und Fakten des ambulanten und stationären Sektors im österreichischen Gesundheitswesen im internationalen Kontext 36

3.1 Aufnahmeraten und Spitalsentlassungen der Krankenanstalten in Österreich 41

3.1.1 Durchschnittliche Verweildauer in Krankenhäusern der EU Staaten 43

3.1.2 Krankenhausaufenthalte nach Belagsgruppen 45

3.1.3 Problematik der Nichtunterscheidung zwischen Wieder- und Neuaufnahme 46

3.2 Gesundheitsausgaben in Prozent des Bruttoinlandsproduktes 49

3.2.1 Mittelaufbringung 51

3.2.2 Mittelverwendung 52

3.3 Gesundheitsausgaben und Trends im europäischen Vergleich.....53

3.3.1 Schwierigkeiten, die sich beim Vergleich internationaler Gesundheitssysteme ergeben..................... 54

3.3.2 Wachstum der nominellen Gesundheitsausgaben und des nominellen Bruttoinlandproduktes in der EU 55

3.3.3 Kostenexplosion bei der Entwicklung der Gesundheitsausgaben.......... 58

3.3.4 AllgemeineTrends in europäischen Gesundheitssystemen................. 64

3.4 Gesundheitsausgaben im internationalen Vergleich....................72

3.5 Internationaler Vergleich der Zugänglichkeit zum Gesundheitssystems für alle Bevölkerungsschichten 74

3.6 Soll-/Istvergleich der ambulanten Versorgung in Österreich.........76

4   Theoretische Grundlagen.. 79

4.1 Totale Institution nach Goffman...80

  4.1.1   Merkmale totaler Institutionen... 81

    4.1.1.1 Zentrale Merkmale der totalen Institution........................... 82

    4.1.1.2 Folgen totaler Institutionen... 83

  4.1.2   "Die totalen Institutionen unserer Gesellschaft
lassen sich grob in 5 "Gruppen" zusammenfassen (Goffman, 1973):"............. 85

  4.1.3   Die Welt der Insassen.. 86

    4.1.3.1 Wodurch wird in der totalen Institution das Selbst beschränkt?......... 88

    4.1.3.2 Zerstörung des formellen Verhältnisses zwischen
dem handelnden Individuum und seinen Handlungen.............................. 90

    4.1.3.3 Das Privilegiensystem...91

    4.1.3.4 Formen der Anpassung...92

  4.1.4   Entlassung des Insassen.. 93

    4.1.4.1 Angst vor der Entlassung... 94

    4.1.4.2 Stigmatisierung.. 94

  4.1.5   Institution Krankenhaus eine totale Institution?
Entwicklung von Gegenmaßnahmen.. 95

4.2 Erlernte Hilflosigkeit (in Heimen und Kliniken) nach Seligman......99

  4.2.1   Hilflosigkeit im Zusammenhang mit Depressionen........................... 99

  4.2.2   Hilflosigkeit im Zusammenhang mit Genesungsverzögerung............... 99

  4.2.3   Hilflosigkeit im Zusammenhang mit Herzanfällen........................... 100

  4.2.4   Hilflosigkeit im Zusammenhang mit Tod...................................... 100

  4.2.5   Hilflosigkeit im Zusammenhang mit der Einlieferung in Altersheime..... 101

4.3 "Stärken-Autonomie-Spirale " versus "Abhängigkeits-Spirale "
nach Schöppl als Konsequenz der theoretischen Ansätze von
Goffman und Seligman 104

  4.3.1   Erklärung der Stärken-Autonomie-Spirale nach Schöppl.................... 105

  4.3.2   Erklärung der Abhängigkeitsspirale nach Schöppl........................... 110

5 Verantwortungsstruktur des österreichischen Gesundheitssystems und Konsequenzen............ 112

5.1 Ursachen für eine nicht notwendige Einweisung in das Krankenhaus.............................112

5.2 Verantwortungsstruktur in Oberösterreich am Beispiel LKH Steyr............................115

5.2.1 Verantwortungsstruktur im Bereich der *Einlieferung* ins Krankenhaus.. 115

5.2.2 Verantwortungsstruktur während des *Aufenthalts*............... 118

5.2.3 Verantwortungsstruktur im Bereich der *Entlassung* aus dem Krankenhaus und der Koordination mit den extramuralen Diensten.............. 119

5.2.3.1 Abteilung für Aktivierende Pflege am LKH Steyr.............. 121

5.2.3.2 Überleitungspflege.............. 122

5.2.3.2.1 Zielgruppe der Überleitungspflege.............. 122

5.2.3.2.2 Leistungen der Überleitungspflege.............. 123

5.2.3.2.3 Organisation der Überleitungspflege.............. 123

5.2.3.2.4 Prozeßstrukturplan der Überleitungspflege.............. 124

5.2.3.2.5 Vorteile der Überleitungspflege.............. 127

5.2.3.2.6 Nachteile bzw. Probleme bei der Überleitungspflege:.............. 127

5.2.3.2.7 Unterstützung der pflegenden Angehörigen.............. 127

5.2.3.3 Übergangspflege.............. 128

5.2.3.4 "Discharge-manager".............. 129

5.2.3.5 Case Manager.............. 130

5.2.3.6 Entlassungsteam.............. 132

5.2.3.7 Geriatrisches Assessment.............. 132

5.2.4 Verantwortungsstruktur im *extramuralen Bereich*. Pläne der Gesundheits- und Sozialsprengel.............. 133

5.3 Autonomie und Eigenverantwortung 139

  5.3.1 Explorative Ermittlung der Wichtigkeit der Autonomie und
Eigenverantwortung des Patienten 139

  5.3.2 Welcher Patiententypus strebt die Autonomie und
Eigenverantwortung an und welcher lehnt sie ab? 148

    5.3.2.1 Der unabhängige Patient... 148

    5.3.2.2 Der ängstlich-abhängige Patient 148

    5.3.2.3 Der überheblich-anspruchsvolle (narzisstische Patient)................. 148

    5.3.2.4 Der überangepasst-ordentliche (zwanghafte) Patient 149

    5.3.2.5 Der misstrauisch-abweisende (paranoide) Patient.................. 149

  5.3.3 Wodurch wird aus soziologischer Sicht die Autonomie und
Eigenverantwortung des Patienten eingeschränkt?..................... 150

    5.3.3.1Arzt -Patienten-Interaktion als strukturell asymmetrische soziale
Beziehung 151

    5.3.3.2 Organisatorisch-institutionelle Rahmenbedingungen der
Arzt-Patient-Beziehung 151

    5.3.3.3 Soziokulturelle Unterschiede bei der Arzt-Patient-Beziehung 152

    5.3.3.4 Berufliche Sozialisation der Ärzte durch "Lernen am Modell".......... 152

  5.3.4 Wie kann die strukturell asymmetrische soziale
Arzt-Patienten-Interaktion verbessert werden?........................... 153

  5.3.5 Die Tagesklinik als Beispiel für maximale
Eigenverantwortung des Patienten... 154

  5.3.6 Pflege durch extramurale Dienste und Autonomieerhalt.................... 159

5.4 Verantwortungsstruktur und Lebensqualität 161

  5.4.1 Individuelle und soziale Qualität der Krankenversorgung
  beeinflussen die Lebensqualität 162

  5.4.2 Skalen zur Messung der Lebensqualität 165

  5.4.3 Skalen zur Messung des psychologischen Wohlbefindens während bzw.
  unmittelbar nach einem Krankenhausaufenthaltes 168

5.5 Verantwortungsstruktur und
Kosten für das Gesundheitssystem 170

  5.5.1 Kostensenkung durch Regelung der Verantwortungsstruktur
  im Bereich der Einlieferung und des Aufenthaltes im Krankenhaus 170

  5.5.2 Kosten der Fehlbelegung im Jahr 1999 am Beispiel Oberösterreich 172

  5.5.3 Kostensenkung durch Regelung der Verantwortungsstruktur
  im Bereich der Entlassung aus dem Krankenhaus 178

  5.5.4 Externe Kontrolle von Leistungserbringern durch
  Peer Review Organizations (PROs)? 181

  5.5.5 Verlagerung der Verantwortung auf Manged-Care-Organisationen 183

5.6 Verantwortungsstruktur und Konsequenzen für den
niedergelassenen Bereich (Honorierungssysteme) 186

  5.6.1 Verantwortungsbarrieren im traditionellen Gesundheitsbereich 188

  5.6.2 Vergütungs-/Entlohnungssysteme 190

5.7 Verantwortungsstruktur - Messung von Outcome 194

    5.7.1   Probleme der Output- bzw. Outcome-Erfassung 195

    5.7.2   Definition von Total Quality Management 196

    5.7.3   Differenzierung von Qualitätssicherung und TQM 196

    5.7.4   Benchmarking 197

    5.7.5   Projekt "Benchmarks im Aufnahme- und
Entlassungsmanagement" 198

    5.7.6   Activity Based Costing 201

    5.7.7   Strategisches Denken und Lernende Organisationen (LOs)
als Werkzeug für die Veränderung organisationeller Strukturen im
Gesundheitswesen 203

6   Zusammenfassung 208

Literaturverzeichnis 215

Zeitschriften 224

Internetadressen 225

Abbildungsverzeichnis 226

Tabellenverzeichnis 228

Abkürzungen 229

Fragebogen 230

Anhang Artikel 15a B-VG 232

Einleitung

Betrachtet man die derzeitige Bevölkerungsentwicklung (Zunahme des Anteils älterer Menschen, gemessen an der Gesamtbevölkerung und Rückgang der Bevölkerungsgruppe der jungen Menschen), graphisch dargestellt eine "gestürzte Tulpe", dann erkennt man die Herausforderung, die in Zukunft an die berufliche Arbeit mit betreuungsbedürftigen Personen, an das Gesundheitssystem und an die gesamte Gesellschaft gestellt wird.

Eine rechtzeitige Beschäftigung mit dieser neuen Situation ist Voraussetzung, um sie befriedigend bewältigen zu können. Die Anforderungen, die an das Gesundheitssystem der Zukunft gestellt werden, sind jetzt festzulegen, um Fehlentwicklungen dieses Versorgungs- und Betreuungssystems zu vermeiden und ein menschenwürdiges "Altwerden" zu ermöglichen.

Der ambulante Versorgungsbereich hat bei multimorbiden alten Menschen einen hohen Stellenwert, da sie trotz Krankheit ihre Autonomie bewahren können, indem sie zu Hause gepflegt und medizinsch versorgt werden. Bei zunehmender Verkürzung des Spitalsaufenthalts steigt die Bedeutung des ambulanten Bereiches, zugleich aber auch die Anforderungen an die Qualität der extramuralen Versorgung. Für die PatientInnen und ihre Angehörigen ist es von großer Wichtigkeit, dass nicht nur der Drehtüreffekt verringert wird, sondern, dass auch zu Hause für die alten Menschen eine hohe Lebensqualität ermöglicht wird.

Es sollte gelingen, die Ressourcen der einzelnen Menschen zu fördern, damit sie zu einer sinnvollen Lebensgestaltung finden können. Dies und ein gutes Beziehungsnetz kann dazu beitragen, das Verbleiben im eigenen Heim zu verlängern.

Das österreichische Gesundheitsversorgungssystem ist gekennzeichnet durch zwei gut funktionierende, jedoch weitgehend isolierte Teilbereiche, den intramuralen und den extramuralen Sektor. In den letzten Jahren hat sich zunehmend gezeigt, dass die vorhandenen Ressourcen nicht optimal auf die beiden Bereiche verteilt sind und dass vor allem mangelhafte Koordination und Kooperation zwischen ihnen besteht.

Probleme bei der Koordination und der nötigen Zusammenarbeit zwischen den verschiedenen Leistungsanbietern sind zu erwarten. Einer optimalen Lösung der Schnittstelle (stationärer - ambulanter Tätigkeitsbereiche) kommt daher größte Bedeutung zu. Die Qualität der Versorgung und die Lebensqualität rücken immer mehr in den Mittelpunkt. Die PatientInnen werden mündiger, sie stellen Anforderungen und auf ihre Bedürfnisse muß mehr eingegangen werden. (vgl. Grünwald, 1998)

Das sachliche und zeitliche Nichtineinandergreifen medizinischer, rehabilitiver und pflegerischer Versorgungsleistungen, als mangelhaftes Schnittstellenmanagement bezeichnet, führt zu einer deutlichen Qualitätsminderung und zu Reibungsverlusten.

Dies hat zur Folge, dass die einzelnen Bereiche der Behandlungskette besser aufeinander abgestimmt werden müssen.

In der vorliegenden Arbeit soll hauptsächlich auf ein Schnittstellenproblem - die teilweise fehlende Verantwortungsstruktur - eingegangen werden. Warum gerade die Verantwortungsstruktur so bedeutend ist, soll kurz erörtert werden:

-      Der Eintritt und die Entlassung in den stationären Bereich sind mit hohen Kosten für das gesamte Gesundheitssystem verbunden.

-      Das Krankenhaus hat sich zu einem Kostenmoloch entwickelt. Aufgrund der Bevölkerungsentwicklung - "Vergreisung unserer Gesellschaft" - ist mit einer Zuspitzung im Kostenbereich zu rechnen, wenn nicht rechtzeitig agiert wird.

In den europäischen Gesundheitssystemen sind eine Vernetzung der einzelnen Akteure im Gesundheitsbereich, sowie eine klare Festlegung der Verantwortungsstruktur als Trends festzustellen, man spricht sogar von einem

Paradigmenwechsel in europäischen Gesundheitssystemen (vgl. Baumberger, 2001, 85).

Bei den Gesundheitsausgaben liegt Österreich im europäischen Mittelfeld. Vergleicht man das Wachstum der nominellen Gesundheitsausgaben und des nominellen Bruttoinlandproduktes so liegt Österreich unter dem EU-Durchschnitt (vgl. OECD Health Data, 1996). Die durchschnittliche Verweildauer in Krankenhäusern ist in Österreich sogar um 20 % kürzer als im EU-Durchschnitt (vgl. Tabelle 4 Durchschnittliche Verweildauer in Krankenhäusern in der EU).

Die Regelung der Verantwortungsstrukur im Bereich Eintritt und Entlassung ist trotzdem unumgänglich. Das Krankenhaus erfüllt eine Substitutionsfunktion, dh. es werden Menschen im Krankenhaus aufgenommen, obwohl sie dort aus medizinischer Sicht nicht hingehören. Die Regelung der Verantwortungsstruktur bei der Einlieferung ins KH kann unter Berücksichtigung medizinischer, ökonomischer und humanitärer Aspekte nur dann modifiziert werden, wenn die Vernetzung mit den ambulanten Diensten funktioniert und eine optimale extramurale Versorgung garantiert werden kann.

Eine möglichst rasche Entlassung aus dem stationären Bereich ist aber, bei einer Disfunktion der Schnittstelle intramurale - extramurale Bereiche, mit folgenden Gefahren verbunden.

1. individuelle Folgen bei einer Disfunktion der Schnittstelle:

-   Es kann zu einer *Bruchstelle der Versorgungskette* kommen
-   und somit einen *Rückschritt in der Rekonvaleszenz* verursachen
-   oder unter Umständen *irreparable Folgen* nach sich ziehen,
-   die Lebensqualität kann durch *Autonomieverlust* wesentlich beeinträchtigt werden; holistischte Gesundheitsmodelle zeigen, dass dadurch die Gesundheit negativ beeinflusst wird und es somit zu einem circulus vitiosus kommt.

2. gesamtgesellschaftliche Folgen bei einer Disfunktion der Schnittstelle:

-   wird der Patient durch eine falsche Entscheidung über den Eintritt bzw. Austritt aus dem Krankenhaus nicht gesund, belastet er das Gesundheitssystem noch länger und verursacht *hohe Kosten* (Arztbesuche, Medikamente, Drehtüreffekt etc.).

Es zeigt sich, dass sowohl eine zu rasche Entlassung (zB. Bruchstelle in der Versorgungskette) als auch ein zu langer Krankenhausaufenthalt (zB. Autonomieverlust) mit individuell und kollektiv negativen Folgen verbunden ist.

In dieser Arbeit soll bewiesen werden, wie wichtig die Regelung der Verantwortungsstruktur im intramuralen und extramuralen Bereich, einerseits für den Genesungsprozeß des Individuums und andererseits für eine Kosteneindämmung im Gesundheitswesen, ist.

Die Aufgabenstellung und das Forschungsdesign werden im folgenden Kapitel präzisiert.

1 Aufgabenstellung und Forschungsdesign

1.1 Aufgabenstellung

Die im internationalen Vergleich hohen Aufnahmeraten sind ein Hinweis dafür, dass das Gesundheitswesen in Österreich stark krankenhauszentriert ist. Die Hospitalisierung ist abhängig von (vgl. Hofmarcher, 1997, 10ff):

- der Morbiditäts- und der Altersstruktur der Bevölkerung
- der Aufnahmeverpflichtung öffentlicher Krankenanstalten
- der Verfügbarkeit von Spitalsambulanzen und den Strukturen des ambulanten Sektors
- dem Einweisungsverhalten der niedergelassenen Ärzteschaft
- den (Über-)Kapazitäten in der stationären Versorgung
- der Finanzierungsstruktur und den Anreizen aus der Finanzierung; wird der Patient ins KH eingeliefert, übernimmt die Gebietskrankenkasse nur einen Teil der Kosten, wird der Patient vom niedergelassenen Arzt ambulant behandelt, so zahlt die GKK im Regelfall den gesamten Betrag (Ausnahme gibt es bei Beamten und Selbständigen durch die Selbstbehaltregelung).
- dem Angebot und den Kapazitäten in der ambulanten und/oder extramuralen Versorgung
- den Honorierungsformen für Gesundheits- und Sozialdienste und letztlich auch von
- geographisch-regionalen Bedingungen zusammen mit
- den familiären Organisationsformen der privaten Haushalte
- Notwendigkeit einer Einweisung.

Die *Nachfrage* nach Krankenhauspflege ist demnach sehr stark von:

- der Primärprävention,
- der **Verantwortungsstruktur** im Gesundheitswesen, einschließlich
- der (sozial-)politischen Willensbildung und
- von sozioökonomischen Strukturen geprägt.

Von den genannten Faktoren, welche die Nachfrage nach Krankenhauspflege bestimmen, wird in dieser Arbeit hauptsächlich die Verantwortungsstruktur untersucht.

> Wer ist verantwortlich für den Zeitpunkt des Ein- bzw. Austrittes in den bzw. aus dem stationären Krankenhausbereich?

Diese Frage ist deshalb so wesentlich, da falsche Entscheidungen enorme Kosten verursachen durch den Drehtüreffekt, Unterbrechung der Versorgungskette usw.

- **Drehtüreffekt**
  Der noch nicht geheilte Patient wird entlassen und kommt innerhalb kürzester Zeit zurück ins Krankenhaus, da durch eine mangelhafte Vernetzung des intramuralen und extramuralen Bereiches, die Situation zu Hause für den Kranken nicht bewältigbar war oder sich durch eine Unterbrechung der Versorgungskette der Gesundheitszustand wieder verschlechtert hat.

- Es muß beachtet werden, dass bei einer nicht koordinierten Entlassung eine **Unterbrechung der Versorgungskette** auftreten kann, die schwerwiegende Folgen verursacht.
  Der Patient bräuchte zB. nach einem Schlaganfall sofort nach der Entlassung eine Rehabilitation. Wird die Rehabilitation nicht unmittelbar fortgesetzt, kann es zu irreperablen Schäden kommen.

14

- Das Unterbrechen der Versorgungskette wird in der Praxis auch dadurch verursacht, dass der Befund oft erst Wochen nach der Entlassung zum betreffenden Allgemeinarzt kommt und somit der **Informationsfluß unterbrochen** wird.

In jedem Krankenhaus muß es eine entsprechende Anzahl von SozialarbeiterInnen geben, die im "Entlassungsteam" den Zeitpunkt der Entlassung mitbestimmen und eine genau definierte Entlassungsvorbereitung treffen.

Das ideale Entlassungsteam besteht aus dem behandelnden Krankenhausarzt, der Pflegeperson und der Sozialarbeiterin. Der Entlassungszeitpunkt kann nur einstimmig entschieden werden. Sind zB. die medizinischen oder pflegerischen Voraussetzungen für eine Entlassung nicht erfüllt, so kommt es zu keiner Entlassung. Kann die Sozialarbeiterin keine geeignete Nachsorge organisieren, so kann sie ebenso die Entlassung verhindern.

Das Projekt der Überleitungspflege (vgl. Stefan,1989) kann ein Schritt in die richtige Richtung sein. Neben der Überleitungspflege existieren jedoch verschiedene Vernetzungsmodelle, welche unter 5.2.3 vorgestellt werden.

Bei einem Gespräch mit der Sozialarbeiterin vom LKH Steyr stellte sich heraus, dass es keine Urlaubsvertretung gibt. Die Sozialarbeiterin ist alleine für 24.671 stationär aufgenommene Patienten im Jahr 1998 (vgl. Gampenrieder, 2000, 28) zuständig, dies ist auch dem Laien verständlich, dass es sich hier um eine grasse Unterbesetzung handelt. Die Verantwortungsstruktur muß so konstruiert sein, dass sie jederzeit durchführbar ist.

Im Jahr 1998 betrug im LKH Steyr die Gruppe der 45 bis 65jährigen 21,7% der PatientInnen. Fasst man die Anzahl der 65- bis 75-jährigen und der über 75jährigen zusammen, so erhält man 8.782 PatientInnen, das ist eine Anteil von 35,6% der Gesamtaufnahmen (vgl. Abbildung 1 Altersstruktur der stationär aufgenommenen Patienten am LKH Steyr 1998).

Abbildung 1 Altersstruktur der stationär aufgenommenen Patienten am LKH Steyr 1998

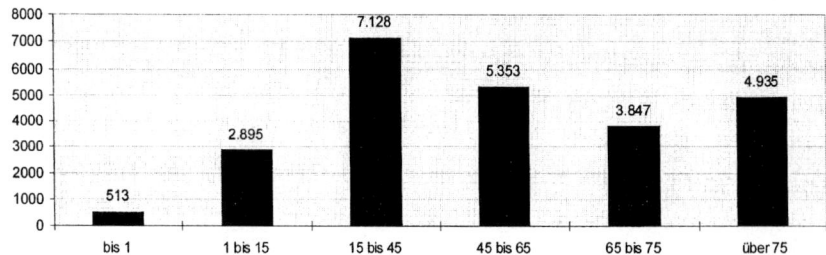

Quelle: Gampenrieder, 2000,29

Setzt man für jeden Fall eine Sozialarbeiterln ein, so bräuchte man, nach deutschem Modell, doppelt so viele SozialarbeiterInnen. Für 100 Patienten benötigt man 1 halbe Arbeitskraft. Für Ärzte ist ein derartiger Schlüssel usus. Die Deutsche Vereinigung für den Sozialdienst im Krankenhaus hat im Jahr 1986 Richtlinien für den Sozialdienst im Krankenhaus erarbeitet.

Solange kein Verantwortlicher bestimmt wird, herrscht Unklarheit, wer für die Einschaltung der Sozialarbeiterin verantwortlich ist; bisher erfolgt die Kontaktaufnahme mit der Sozialarbeiterin willkürlich. Diese Willkür kann negative Folgen für den Patienten haben und soll durch die Bestimmung eines Verantwortlichen beseitigt werden, ob damit auch sämtliche Unklarheiten beseitigt werden können, sei dahingestellt.

Strategisches Denken und nicht nur unmittelbare Pflege ist notwendig; und bringt folgende **Vorteile**:

-   Die *Aufenthaltsdauer kann verringert werden*, z. B. durch eine Entlassung auf Probe, dh. der Patient wird nach seiner Entlassung noch vom Spital mitbetreut =>Übergangspflege; ein wesentlicher Faktor für die Verkürzung der Verweildauer besteht in der Verlagerung des Genesungsprozesses und damit der Nachversorgung und Pflege außerhalb des Krankenhauses und damit kann eine Kostenreduzierung erreicht werden.

-   *eine Verbesserung der Kommunikation* zwischen Spitalsärzten, Pflegepersonen, Allgemeinärzten, Sozialarbeitern und Versorgungseinrichtungen,

-   die *Lebensqualität des Patienten* verbessert sich (gewohnte Umgebung, bei Komplikationen sofortige Rückkehr ins Krankenhaus möglich)

Der nachfolgende Leitfaden (Abbildung 2 Leitfaden zur Entlassungsvorbereitung - extramuraler Bereich Zapotoczky/Gampenrieder/Schöppl, 2000,153) zeigt, wie die Verantwortungsstruktur im Bereich der Entlassungsvorbereitung und im extramuralen Bereich festgelegt werden kann.

Abbildung 2 Leitfaden zur Entlassungsvorbereitung - extramuraler Bereich

Leitfaden

Entlassungsvorbereitung

⇨ Regelung des Erstkontaktes mit dem Entlassungsteam

⇨ Anpassung der Anzahl der Mitarbeiter im Entlassungsteam an den tatsächlichen
   Bedarf

⇨ dadurch ist eine rechtzeitige Organisation der Pflege möglich

⇨ um den Informationsfluß zu gewährleisten soll rechtzeitig ein Überleitungsbericht
   weitergegeben werden

⇨ Gespräche mit PatientInnen und Angehörigen

⇨ Versorgungskette aufrecht erhalten

Extramuraler Bereich

⇨ Entlassung auf Probe, Übergangspflege, Überleitungspflege

⇨ Förderung der Ressourcen von pflegenden Angehörigen durch Schulung, ZAP
   (Zentrum für aktivierende Pflege) etc.

⇨ jederzeitige ärztliche Versorgung garantieren, damit eine Wiedereinlieferung ins
   Krankenhaus vermieden werden kann

⇨ Autonomie der kranken alten Menschen erhalten

18

1.2 Forschungsdesign

Mit dem Ausdruck Forschungsdesign wird in der Fachliteratur immer häufiger der Vorgang empirischer Überprüfung theoretischer Hypothesen bezeichnet. Darunter fallen Art und Weise des Einsatzes von Forschungsinstrumenten. Es handelt sich dabei um den pragmatischen Aspekt der Methodologie (vgl. Atteslander, 2000, 54).

Der Operationalisierungsvorgang erfolgt in folgenden Phasen. Zuerst wird die Problembenennung vorgenommen (vgl. 1.1).

Der nächste Schritt ist die Definition der Begriffe intramuraler/extramuraler Bereich und Tageskliniken. Eine ausführliche Erläuterung findet sich dazu im Kapitel 2 und schließlich folgt die Formulierung der zwei Haupthypothesen.

Hypothese 1:

Die Regelung der Verantwortungsstruktur im intra- und extramuralen Bereich ist für die Gesellschaft von exorbitanter Bedeutung da,

- aus soziologischer Sicht negative Folgen vermieden werden können. Schließlich wird jedes Gesellschaftsmitglied, als Patient oder Angehöriger, damit konfrontiert.
- volkswirtschaftliche Kosten reduziert werden können, indem man den Drehtüreffekt vermeidet.

Hypothese 2:

Es existieren verschiedene Patiententypen, die Autonomie und Eigenverantwortung ablehnen bzw. befürworten. Je nach Patiententyp wird durch die Autonomie der Genesungsprozeß beeinflusst.

19

Die Primärdaten werden zum einen durch Expertenbefragung und Inhaltsanalysen gewonnen, zum anderen werden auch Sekundärdaten verwendet, vor allem in der Bearbeitung der Hypothese 1: "... volkswirtschaftliche Belastung durch eine nicht geregelte Verantwortungsstruktur".

Die Sekundärdaten werden vom Land Oberösterreich, sowie von der OÖ Gebietskrankenkasse zur Verfügung gestellt.

Der erste Teil der Hypothese 1 - negative Folgen für die Gesellschaft - wird durch die Theorie "Totale Institutionen" von E. Goffman bestätigt und von einer Deskription der Phänomene unterstützt (vgl. Kap. 4). Der zweite Teil der Hypothese 1 - exorbitante volkswirtschaftliche Kosten durch den Drehtüreffekt - wird durch eine deskriptive phänomenologische Analyse der Sekundärdaten überprüft (vgl. 5.5).

Die phänomenolgische Analyse wurde von Edmund Husserl entwickelt und von Scheler, Schütz u. a., mit zum Teil sehr unterschiedlichen Akzenten, weiterentwickelt (vgl. Mayring 1990, 80).

Die zweite Hypothese - Autonomie ablehnen oder befürworten - wird einerseits durch Eruierung bestimmter Patiententypen und einerseits durch Expertenbefragung getestet (vgl. 5.3). Die Experten erhalten einen zuvor exakt zu dieser Fragestellung entwickelten Fragebogen. Die Fachleute stammen aus den betroffenen Gesundheitsberufen, der Verwaltung, den Gesundheitsorganisationen (WHO) und der Politik.

Als Auswertungsverfahren für die Ergebnisse der Expertenfragebögen wird die "grounded theory" verwendet. Gegenstandsbezogene Theorie hat sich für diesen Begriff als Übersetzung eingebürgert. Damit ist ein qualitatives Verfahren gemeint, das schon während der Erhebung Schritte der vorwiegend induktiven Konzept- und Theoriebildung zulässt.

Qualitativ orientierte Forschung sieht wenig Sinn darin, sich nach dem Ideal des Kritischen Rationalismus (Karl Popper) darauf zu beschränken, nur vor der

Datenerhebung formulierte Hypothesen zu überprüfen. Die "grounded theory" lässt die Konzeptbildung während der Datenerhebung bewusst zu und will sie durchsichtig machen. Damit finden Datenerhebung und Auswertung gleichzeitig statt. Im Laufe der Datenerhebung kristallisiert sich ein theoretischer Bezugsrahmen heraus, der schrittweise modifiziert und vervollständigt wird (vgl. Mayring, 1990, 77f).

Die "grounded theory" ist keine spezifische Methode oder Technik. Sie ist vielmehr als ein Stil zu verstehen, nach dem man Daten qualitativ analysiert (vgl. Strauss, 1994, 29f).

2 Hermeneutik der Begriffe extramuraler/intramuraler, ambulanter/stationärer Bereich, Ambulanz und ambulante Behandlung

Eine einheitliche Darstellung dieser Begriffe ist nicht möglich, da in den verschiedenen Ländern verschiedene Gesundheitssysteme existieren und somit unterschiedliche Ausprägungen dieser Bereiche vorkommen. Es kann sehr wohl aber eine verständliche Erklärung gegeben werden, die in den meisten europäischen Ländern Gültigkeit besitzt.

2.1 Extramuraler (ambulanter) Bereich

Unter extramuralem (ambulantem) Bereich versteht man die gesundheitliche Pflege bzw. Behandlung kranker Menschen *außerhalb* der "Spitalsmauern" in ihrer gewohnten Umgebung, durch mobile Dienste.

Der Bereich der ambulanten Betreuung umfasst im weiteren Sinne aber eine differenzierte Angebotspalette von der Behandlungs- und Grundpflege über Hilfestellung bei der Weiterführung des Haushaltes bis hin zu ergänzenden Angeboten wie Wohnungsanpassung und die Aufrechterhaltung sozialer Kontakte.

Zu den Akteuren des extramuralen Bereiches zählen:

-       Mobile Dienste, in Oberösterreich zB. :
        Alten- bzw. Pflegehilfe
        Hauskrankenpflege
        Volkshilfe
        Caritas
        Rotes Kreuz

Mobiler Hilfsdienst

private Vereine (in Sierning bei Steyr zB. Verein Lebensfreude)

- Niedergelassene Ärzte
- Therapeutische Dienste wie Ergo- oder Physiotherapie
- Teilstationäre Einrichtungen (Taveskliniken)
- Mahlzeitendienste
- Sonstige Hilfe zur Haushaltsweiterführung:

Heimhilfe

Notrufsysteme

Fahrtendienste

Hilfsmittelverleih- und -beratung

Im OÖ Sozialhilfegesetz finden sich im dritten Hauptstück die Formen Sozialer Hilfe. Unter § 12 Abs. (2) Punkt 1 werden die Sozialen Dienste aufgezählt.

Die Größe der Dienste sowie ihre interne Organisationsstruktur sind höchst unterschiedlich. Allen gemeinsam ist ihre Arbeitsweise. Es werden kranke, gebrechliche und behinderte Menschen von Pflegefachkräften in der Wohnung des Patienten betreut.

Traditionell arbeiten in Oberösterreich zwei Pflegeberufsgruppen in ambulanten Pflegediensten:

- die Krankenpflegefachkraft und
- die Altenpflegefachkraft.

Seit der politisch geförderten Bevorzugung ambulanter vor stationärer Versorgungsformen differenziert sich sowohl das Berufsfeld als auch das Feld der in diesem Sektor angesiedelten Organisationsformen.

Was das Berufsfeld anbelangt, werden neben den beiden klassischen Berufsgruppen zunehmend auch Kranken- und Altenpflegehelfer, Hauswirtschaftskräfte sowie

23

Zivildienstleistende in ambulanten Pflegediensten eingesetzt. Der Grund ist die sich ausdifferenzierende Gesetzgebung, die verschiedene Leistungstypen (zB. allgemeine und spezielle Pflege, hauswirtschaftliche Versorgung) mit verschiedenen Vergütungssätzen eingeführt hat. Auf der Organisationsebene entstehen neue Formen der ambulanten und teilstationären Versorgung. Zu nennen sind hier im Bereich der Altenpflege das Betreute Wohnen. Ebenso entstehen an ambulante Dienste oder an Krankenhäuser angegliederte Tageskliniken und Kurzzeitpflegeeinrichtungen (vgl. Landenberger, Ortmann,1999, 16).

Sowohl der Bereich der ambulanten Betreuung insgesamt als auch die nachfolgend beschriebenen Dienste werden in den Bedarfs- und Entwicklungsplänen der Bundesländer unterschiedlich bezeichnet. In den meisten Bundesländern wird von "ambulanten" oder "mobilen Diensten" bzw. von "Altenhilfe" gesprochen. Burgenland und Niederösterreich nennen diesen Bereich "offene Altenhilfe".

Pflege durch diplomierte Pflegepersonen zu Hause wird explizit in sieben Bundesländern auch als "Hauskrankenpflege" bezeichnet, in Burgenland und in Niederösterreich wird generell von "sozialmedizinischen und sozialen Diensten" bzw. von "Pflegediensten" gesprochen.

Der Bereich der Alten- und Pflegehilfe und der Heimhilfe wird nicht in allen Bundesländern differenziert und wird ebenfalls in verschiedenen Bundesländern unterschiedlich bezeichnet, und zwar in Kärnten mit "Hilfe" zur Weiterführung des Haushaltes" und in Oberösterreich mit "mobile Hilfe und Betreuung". Auch der Bereich der Heimhilfe wird unterschiedlich benannt, und zwar in Vorarlberg mit "Mobilen Hilfsdiensten" und in Salzburg mit "Weiterführung des Haushaltes" durch "ambulante Haushilfen".

Trotz zum Teil unterschiedlicher Bezeichnungen der ambulanten Dienste kann davon ausgegangen werden, dass es sich um Betreuungsformen mit ähnlichen Zielen und Leistungsangeboten für alte hilfs- und pflegebedürftige Menschen handelt (vgl. 5.2.4).

Es folgt eine Definition für die Bereiche Hauskrankenpflege, Alten-/Pflegehilfe und Heimhilfe (vgl. ÖBIG; 1999, 37ff).

2.1.1 Definition Hauskrankenpflege

Primäre Zielsetzung der Hauskrankenpflege ist die bedarfsgerechte Betreuung und fachlich qualifizierte Pflege von Kranken, Pflegebedürftigen und Behinderten in deren Wohnbereich.

Das Leistungsangebot der Hauskrankenpflege ist breit gefächert und umfasst die Durchführung der Grund- und Behandlungspflege, die Einschätzung der Pflegebedürfnisse bzw. des Grades der Pflegeabhängigkeit des Klienten, die Feststellung und Beurteilung der zur Verfügung stehenden Ressourcen, die Planung der Pflege mit Festlegung von Zielen und Maßnahmen, die Beratung der Pflegebedürftigen und der betreuenden Angehörigen in Hinblick auf pflegerische Probleme, die Aktivierung und Mobilisierung der Klienten durch Atem-, Geh- und sonstige aktive Bewegungsübungen sowie die Betreuung Sterbender und die Unterstützung der Angehörigen.

2.1.2 Definition Alten-/Pflegehilfe

Die ambulante Alten-/Pflegehilfe versteht sich als ganzheitliche Hilfe bzw. umfassende Versorgung hilfs- und pflegebedürftiger älterer Menschen, die nicht allein auf das körperliche, sondern auch auf das psychische und soziale Wohlbefinden der Klienten abzielt.

Im Vergleich zur Hauskrankenpflege liegen die Schwerpunkte der Tätigkeiten eher in der Durchführung der Grundpflege - unter Anleitung und Aufsicht des diplomierten Pflegepersonals, jedoch unter Wahrung der Prinzipien von Teamarbeit und Delegation - und in der sozialen Betreuung. Alten-/Pflegehilfe wird durch unterschiedliche Berufsgruppen erbracht, und zwar durch Altenfachbetreuer, Altenhelfer und Pflegehelfer.

Für die Regelung von Berufsbild und Ausbildung des diplomierten Krankenpflegepersonals und der Pflegehelfer ist der Bund zuständig. Die Regelung von Berufsbild und Ausbildung der Altenbetreuer fällt dagegen in die Zuständigkeit der Länder, die bisher folgende Gesetze erlassen haben: Oberösterreichisches Altenbetreuungs-Ausbildungsgesetz (1992), Steiermärkisches Alten-, Familien- und Heimhilfegesetz (1995) und das Niederösterreichische Alten-, Familien- und Heimhelfersetz (1996) (vgl. Rubisch 1998). Eine Ausnahme bildet Vorarlberg, hier exisitiert ein eigenes System.

2.1.3 Definition Heimhilfe

Primäre Zielsetzung der Heimhilfe ist die Unterstützung von hilfs- und/oder pflegebedürftigen Personen bei der Haushaltsführung und bei den Aktivitäten des täglichen Lebens. Der Tätigkeitsbereich der Heimhilfe erstreckt sich daher auf hauswirtschaftliche und soziale Unterstützung.

Wie bei den AltenbetreuerInnen fällt die Regelung von Berufsbild und Ausbildung der Heimhilfe in die Zuständigkeit der Länder, die bisher folgende Gesetze erlassen haben: Steiermärkisches Alten-, Familien- und Heimhilfegesetz (1995), Niederösterreichisches Alten-, Familien- und Heimhelfergesetz (1996) und das Wiener Heimhilfegesetz (1997).

Der Bereich der Heimhilfe beinhaltet teilweise auch noch ehrenamtliche bzw. durch Laien erbrachte Tätigkeiten, wie es z. B. bei Angeboten organisierter Nachbarschaftshilfe oft der Fall ist.

Man sieht, dass durch die unterschiedlichen Gesetzesgrundlagen zwar keine einheitliche Definition der Begriffe extramural oder ambulant gegeben werden, aber eine ziemlich genaue Abgrenzung erfolgen kann.

Die wesentlichen Funktionen der drei beschriebenen Dienste sind:

-   Ermöglichung des Verbleibs der pflegebedürftigen Person zu Hause;
-   Vermeidung bzw. Verzögerung der stationären Aufnahme in
    Krankenanstalten, Alten- oder Pflegeheime;
-   Ermöglichung der frühen Entlassung aus der stationären Versorgung;
-   Unterstützung und Entlastung der Angehörigen bzw. anderer
    Betreuungspersonen;
-   Aufrechterhaltung sozialer Kontakte und Verhinderung von Isolierung und
    Vereinsamung.

Zielgruppe sind primär alle zu Hause lebenden, älteren, hilfs- und pflegebedürftigen Menschen, sekundär aber auch die zu Hause betreuenden Personen, die bei ihrer Hilfs- und Pflegetätigkeit unterstützt bzw. entlastet werden sollen (vgl. ÖBIG, 1999, 39f). Nur 5 % werden von Sozialen Diensten, der Rest von Ehepartnern (38 %), Kindern (27 %), Bekannten (8 %) etc. gepflegt (vgl. Abbildung 3 Pflegepersonen für ältere Menschen in Privathaushalten bei längerer Krankheit).

2.1.4 Definition Niedergelassener Arzt

Niedergelassene Ärzte sind ambulant tätige medizinische Grundversorger (Hausarzt, Allgemeinmediziner). Sie können als solche einen Facharzttitel führen.

Tabelle 1 Gesamtzahl der Ärzte auf 100.000 Einwohner

In Österreich kamen im Jahr 1998 auf 100.000 Einwohner	312 Ärzte,
in Italien	583
in Spanien	436
in Belgien	395
in Deutschland	349
in Schweden	300
in Frankreich	299
in den Niederlanden	295

Quelle: Eurostat 2001

Bei dieser Statistik (Eurostat 2001) werden in Belgien, Frankreich, Dänemark, Schweden und in Österreich alle aktiven Ärzte hinzugezählt in Spanien die approbierten und in Deutschland die praktizierenden Ärzte. Wie die Statistik zeigt liegt Österreich mit einer Ärztedichte von 312 im europäischen Mittelfeld.

Von 1998 auf 1999 nahm die Zahl der praktischen Ärzte in Österreich um 1 Prozent ab, die Zahl der Fachärzte reduzierte sich um 0,3 Prozent, die Zahnärzte verzeichneten einen Rückgang um 0,6 Prozent und die Zahl der in Ausbildung stehenden Ärzte reduzierte sich um 1,4 Prozent (vgl. Tabelle 8 Kostenentwicklung der medizinischen Versorgung).

2.2 Intramuraler (stationärer) Bereich

Unter intramuralem (stationärem) Bereich versteht man die gesundheitliche Pflege bzw. Behandlung kranker Menschen *innerhalb* der "Spitalsmauern". Der Eintritt in den stationären Bereich beginnt mit der Aufnahme in das Krankenhaus und endet, normalerweise, mit der Entlassung aus dem Spital.

Es gibt allerdings Formen der Entlassung, die diese Definition ein wenig erschweren, nämlich:

- Entlassung auf Probe,
- Überleitungspflege ("Wir begleiten Sie nach Hause"),
- Übergangspflege, uä.
- Verlassen des Krankenhauses gegen Revers.

So versteht man unter der Übergangspflege der "OÖ Landes-Nervenklinik Wagner Jauregg", eine Nachbetreuung des Patienten bis zu ca. drei Monaten nach dem Krankenhausaufenthalt. Der Patient wird zwar außerhalb der Mauern betreut, jedoch durch das Personal des Krankenhauses, somit stellt diese Entlassungform eine Verbindung des extra- und intramuralen Bereiches dar.

Ähnliches gilt für die Entlassung auf Probe. Bei dieser Entlassungsform wird ebenfalls außerhalb des Krankenhause jedoch mit Krankenhauspersonal gepflegt.

Ab dem Zeitpunkt, wo sich der Patient in den eigenen vier Wänden aufhält, ist genau betrachtet von einer extramuralen Betreuung zu sprechen, auch wenn das Personal vom Krankenhaus zur Verfügung gestellt wird.

2.2.1 Neue Organisationsformen der intramuralen Gesundheitsversorgung

Im Zuge der Verhandlungen zum Österreichischen Krankenanstalten- und Großgeräteplan (ÖKAP/GGP) wurden wiederholt bereits bestehende sowie von den Krankenanstaltenträgern für die Zukunft geplante Organisationsstrukturen thematisiert, die in Hinblick auf die rechtliche Absicherung, auf die Finanzierung und Honorierung sowie auf die Qualitätssicherung diskusionsbedürftig erscheinen.

In der Folge werden "neue Organisationformen" genannt:

-   Leistungserbringung außerhalb eigenständiger Fachabteilungen (Konsiliar-
    Belegärzte)
-   Tagesklinische Leistungserbringung
-   Interdisziplinäre Bettenbelegung
-   Wochenklinik
-   Kooperation mit extramuralen Leistungsanbietern (inkl. Arztordinationen in
    Krankenanstalten)
-   Kooperation zwischen Krankenanstalten

Als Grundlage für die Diskussion notwendiger Voraussetzungen für diese
Organisationsformen wurde vom ÖBIG (G. Fülöp, 2000, 44) eine detaillierte
Bestandsanalyse in 28 ausgewählten Fonds-Krankenanstalten durchgeführt. Parallel
dazu wurden bestehende besondere Organisationsformen in der Bundesrepublik
Deutschland und in den Niederlanden vergleichend untersucht. Ausgehend von den
Ergebnissen der Bestandsanalyse und den zusätzlich geführten Expertengesprächen
wurde eine Evaluation (Zusammenstellung von Pro-/Contra-Argumenten) dieser
Organisationsformen durchgeführt (vgl. ÖBIG, 2000, 44). Die Ergebnisse werden
vom Auftraggeber der Studie nicht zur Verfügung gestellt.

Tageskliniken werden in den wenigsten EU-Staaten - außer in Österreich - zum
stationärem Bereich gezählt (vgl. 3.3.1). Das erhöht (nur rechnerisch) die
Aufnahmerate in Österreich.

2.3   Ambulanz versus ambulante Betreuung

Obwohl die Begriffe sehr ähnlich klingen, ist ihre Bedeutung sehr unterschiedlich. Die
Ambulanz befindet sich im Krankenhaus. Der Patient sucht die Ambulanz zur zB.
Nachbehandlung auf, kann aber im Normalfall sofort wieder nach Hause gehen.

Mit 1. Jänner 2001 wurde in Österreich die Ambulanzgebühr eingeführt, damit der Patient die Ambulanz nicht deshalb aufsucht, um sich die Krankenscheingebühr von derzeit S 50,-- zu sparen, die er bei einem niedergelassenen Arzt zu zahlen hätte.

Die Ambulanz kann auch dazu benutzt werden, um leere Spitalsbetten zu füllen dh., Patienten werden nach Aufsuchen der Ambulanz ins KH eingeliefert, nicht weil es medizinisch unbedingt erforderlich wäre, sondern weil es für die Spitalsstatistik günstig ist; dadurch entstehen unnötige Kosten für die Allgemeinheit, die man durch die Einführung der Ambulanzgebühr zu reduzieren versucht.

2.3.1 Höhe der Ambulanzgebühr

Bei Vorliegen eines Überweisungsscheines bzw. bei Wiederbestellung durch das Krankenhaus sind 150,-- ATS, ohne ärztliche Überweisung 250,-- ATS vom Patienten zu leisten. Diese Kosten dürfen jedoch nicht mehr als 1.000,-- ATS pro Versicherten/pro Angehörigem im Jahr ausmachen (vgl. www.ooegkk.at/aktuelles/ambulanz/index.html).

2.3.2 Befreiungsgründe von der Ambulanzgebühr

- bei medizinischen Notfällen, wenn unmittelbar anschließend eine stationäre Aufnahme erfolgt
- für mitversicherte Kinder
- für Bezieher einer Waisenpension ohne anderes Einkommen
- für Personen, die von der Rezeptgebühr befreit sind
- für Personen, die Dialyse-, Strahlen-, Chemotherapie oder damit im Zusammenhang stehende Untersuchungen erhalten
- für Schwangere im Rahmen von Mutter-Kind-Pass Untersuchungen oder bei Inanspruchnahme von Leistungen aus dem Versicherungsfall der Mutterschaft während des Mutterschutzes
- für Personen, die "Teile des Körpers" oder Blut(plasma) spenden

- bei Befundungen oder Begutachtungen, die im Auftrag eines Sozialversicherungsträgers oder eines Gerichtes im Zusammenhang mit einem Verfahren in Leistungssachen erfolgen

Die Befreiungsgründe gelten nicht bei:

- Trunkenheit
- Suchtgiftmissbrauch
- Raufhandel

Von der Entrichtung des Behandlungsbeitrages sind darüber hinaus folgende Personen befreit:

- welche die Ambulanz in Folge eines Arbeitsunfalles oder im unmittelbaren Zusammenhang mit einer Berufskrankheit aufsuchen
- Lehrlinge im 1. und 2. Lehrjahr
- SchülerInnen, die in Ausbildung stehen zum
  - gehobenen Dienst für Gesundheits- und Krankenpflege
  - Krankenpflegefachdienst
  - medizinisch-technischen Fachdienst
- Studierende an einer medizinisch-technischen Akademie oder an einer Hebammenakademie

Die ambulante Betreuung findet im Gegensatz zur Ambulanz, außerhalb des Spitals statt.

2.4 Tagesklinik - Nachtklinik

Im Psychotherapeutischen Bereich hat sich schon länger der Begriff Tages- bzw. Nachtklinik manifestiert. Darunter sind semi-stationäre Aufenthalte zu verstehen, bei denen im Falle der Tagesklinik sich die Patienten während des Tages im

Anstaltsbereich aufhalten und die Nacht zu Hause verbringen. Im Bereich der Nachtklinik ist es umgekehrt. Beide Fälle sind nach geltendem österreichischen Krankenanstaltenrecht als stationäre Fälle anzusehen, in denen aus therapeutischen Gründen entweder für den Tag oder für die Nacht eine Beurlaubung unter der ärztlichen Supervision der Krankenanstalt erfolgt.

Immer häufiger wird der Begriff "Tagesklinik" für chirurgische Ambulanztätigkeiten verwendet, bei denen sich der Patient chirurgischen Eingriffen, die üblicherweise einen mehrtägigen stationären Krankenhausaufenthalt zur Folge haben, unterzieht und danach sofort wieder in den häuslichen Bereich entlassen wird. Diese Form der "Tagesklinik" ist in der österreichischen Rechtsordnung nicht gesondert verankert und fällt in den Bereich der ambulanten Behandlung in Krankenanstalten und Ambulatorien (vgl. Radner, 1993, 16f).

Die internationale Nomenklatur ist nicht einheitlich. Begriffe wie Tagesklinik, Tageschirurgie, ambulante Chirurgie im deutschen Sprachraum und "outpatient surgery", "day surgery clinic", "day care surgery" im englischen, meinen alle etwa dasselbe: der Patient wird am Tag der Operation aufgenommen, wird operiert und nach einer angemessenen Erholungszeit noch am selben Tag nach Hause entlassen.

2.5 Ambulanter Sektor im europäischen Vergleich

In **Deutschland** gliedert sich der ambulante Sektor in ambulante Pflegedienste und in den Bereich der niedergelassenen Ärzte und weist somit große Ähnlichkeit mit dem ambulanten Sektor in Österreich auf (vgl. Landenberger, Ortmann,1999, 7).

In **Frankreich** besteht der größte Teil des ambulanten Sektors aus Praxen, die in der Regel von freiberuflich tätigen Ärzten geführt werden. Eine Besonderheit stellen die freiberuflich tätigen Pflegefachkräfte dar. Daneben existieren ambulante Pflegedienste, die in Frankreich nach ihrer Ausrichtung und primären Zielsetzung unterschieden werden. Der ambulante Pflegesektor kann in freiberuflich Pflegende, ambulante Pflegedienste unter dem Dach der Krankenhäuser (hospitalisation à domicile (HAD)) und weitere ambulante Pflegedienste eingeteilt werden (vgl. Landenberger, Ortmann,1999,34ff).

In **Großbritannien** hat in der ambulanten Versorgung der Allgemeinarzt eine zentrale Funktion. Er ist als Primärarzt erste Anlaufstelle für die Patienten. Erst nach dem Besuch beim Allgemeinarzt kann der Patient nötigenfalls an den Facharzt überwiesen werden. Dienstleistungen im ambulanten Bereich werden vermehrt durch Teams der primären Gesundheitsversorgung (Primary Health Care Teams) erbracht, die Allgemeinärzte, Gemeindepflegende, Gesundheitsberater, Schul-Pflegende, Praxis-Pflegende, freiberufliche Krankenpflegerinnen, Hebammen und Sozialarbeiter umfassen (vgl. Landenberger, Ortmann,1999, 51ff).

In den letzten Jahren kam es zu einer starken Abnahme von Einzelpraxen und zu einem erweiterten Angebot der sogenannten Health Centers, also Gesundheitszentren, in denen diese Health Care Teams kooperieren (vgl. Murpy 1994, 221).

Die häusliche Pflege wird im Rahmen des Nationalen Gesundheitsdienstes (Gegenpol zum sozialen Krankenversicherungssystem), der über Steuern finanziert wird, kostenlos gewährt. Sie wird entweder von Gemeindeschwestern oder freiberuflich tätigen Pflegenden ausgeübt.

In den **Niederlanden** ist die ambulante Pflege - auch Bezirkspflege genannt - auf drei verschiedenen Niveaus organisiert. Es gibt ca. 500 Basiseinheiten, die die Pflege ausführen. Diese schließen sich in etwa 70 regionalen "Kreuzverbänden" zusammen, deren Sprachrohr der Nationale Verband für häusliche Pflege ist. Dieser Verband ist eine Dachorganisation. Er führt Verhandlungen mit der Regierung sowie den Versicherungen und bietet den regionalen Verbänden Dienstleistungen an (vgl. Landenberger, Ortmann,1999, 67ff).

Zu den Aufgabenbereichen der ambulanten Pflege gehören die häusliche Pflege älterer Menschen, die Wochenbettpflege sowie die laufende Untersuchung des

Gesundheitszustandes des Kindes und der Verleih von Pflegeausrüstung und Aktivitäten der Gesundheitsvorsorge (vgl. Verheij/Kerkstra, 1992,107).

Ein wesentliches Merkmal des niederländischen Gesundheitssystems ist darin zu sehen, dass es sich um ein Primärarztsystem handelt. Der Zugang der Patienten zu stationären Behandlungen und Behandlungen durch einen Facharzt wird erst durch die Überweisung seitens des Hausarztes ermöglicht. Fachärzte praktizieren nur in Krankenhäusern. Sie erbringen dort ambulante und stationäre Leistungen. Diese
· Organisation ist sehr kostensparend, da sämtliche Geräte im Krankenhaus optimal genutzt werden können (vgl. Lahmann, 1998, 225).

In **Österreich** ist keine Einweisung durch einen niedergelassenen Arzt notwendig. Der Anteil der "Selbsteinweisungen" ist in Österreich sehr hoch und beträgt rund 40 Prozent. Selbsteinweisung bedeutet, dass der Patient ohne Überweisung das Krankenhaus aufsucht und dort bei Bedarf vom Aufnahmearzt ins Krankenhaus eingewiesen wird.

3 Trends und Fakten des ambulanten und stationären Sektors im österreichischen Gesundheitswesen im internationalen Kontext

In diesem Kapitel wird die derzeitige monetäre und demographische Situation des österreichischen Gesundheitswesens dargestellt. Internationale Vergleiche sollen zeigen, ob das österreichische Gesundheitswesen in der Ausgabenstruktur Besonderheiten aufweist.

Ein Vergleich von internationalen Daten im Gesundheitswesen gestaltet sich grundsätzlich schwierig. Die Güte des Vergleiches hängt von der Datenbasis ab, die in jedem Staat eine individuelle Informationsaufgabe zu erfüllen hat und an die unterschiedlichen Systeme angepasst ist. In Deutschland sind zB. die Arztgehälter Teil der Krankenhauskosten, in den USA nicht. Ferner wird der intramurale und extramurale Bereich international unterschiedlich definiert (vgl. Kapitel 2).

Aufgrund dieser Schwierigkeiten beschränkt man sich auf den Vergleich des Inputs (Anzahl der Ärzte, Krankenhausbetten) oder des Intermediate Outputs (Krankenhaustage, Anzahl der Eingriffe).

Die unterschiedlichen geographischen, kulturellen, sozialen, demographischen, politischen und ökonomischen Strukturen der Länder dürfen bei internationalen Vergleichen nicht außer Acht gelassen werden (vgl. Schieber/Poullier, 1990, 9f).

"In den letzten drei Jahrzehnten hat sich die Anzahl der älteren Menschen (60 Jahre und älter) in den Mitgliedsländern der Europäischen Union von 46,5 Millionen auf 68,6 Millionen erhöht... Aller Voraussicht nach wird sich diese Entwicklung auch in der Zukunft fortsetzen, so dass damit gerechnet werden kann, dass im Jahre 2000 etwa doppelt so viele ältere Menschen in der Europäischen Union leben als im Jahre 1960. Somit ist davon auszugehen, dass im Jahre 2000 ... zwischen 89 und 100 Millionen ältere Menschen leben werden, von denen 17 bis 22 Millionen 80 Jahre oder älter sein werden (vgl. Bundesministerium für Arbeit und Soziales, 1994, 3)."

Tabelle 2 Ältere Menschen in europäischen Mitgliedstaaten

Staat	60 Jahre und älter (in Mio. Einw.)	80 Jahre und älter (in Mio. Einw.)	Anteil an Gesamtbevölkerung (in %)
Belgien	2,06	0,35	3,5
Dänemark	1,05	0,19	3,7
Deutschland	1,63	3,01	3,8
Irland	5,38	0,79	2,2
Österreich	1,58	0,29	3,7
Portugal	1,80	0,25	2,5
England	1,19	2,13	3,7

Quelle: Bundesministerium für Arbeit und Soziales, 1994, 6
(Aktuellere Daten finden sich nicht in vergleichbarer Form)

Ein höheres Alter führt zu einem erhöhten Krankheitsrisiko und zu einer größeren Anzahl an stationären (akuten) Fällen (vgl. Flemmich/Ivansits, 1994, 262). Die demographische Entwicklung führt zu steigenden Ausgaben im Gesundheitswesen und zu einer zunehmend "alten Patientenstruktur" (Multimorbidität, chronische Leiden), auf die sich die Krankenhäuser einstellen müssen (vgl. Fournier, 1992, 5).

Die demographische Entwicklung in Österreich und in den meisten westlichen europäischen Staaten wird durch folgende Faktoren gekennzeichnet (vgl. ÖBIG, 1999, III):

-   Der Anteil **hochbetagter Menschen** (ab 75 und 85 Jahren) an der Bevölkerung nimmt in den nächsten zwei Jahrzehnten stark zu. Während es 1996 in Österreich 515.000 Menschen ab 75 Jahren gab, werden es im Jahr 2011 655.000 Personen sein. Die Zahl der ab 85jährigen Menschen wird von derzeit 135.000 auf 185.000 im Jahr 2011 und auf 206.000 im Jahr 2021 steigen.

- Zusätzlich dazu nimmt die Anzahl **hochbetagter Männer** überproportional zu, die durch ihre Biographie eher zu Klienten professioneller Dienste werden als Frauen.

- Entsprechend der Entwicklung der Altersstruktur wird die Zahl der **Einpersonenhaushalte,** in der Altersgruppe der ab 75jährigen Personen, zwischen 1991 und 2030 um 55 Prozent, steigen.

- Die Zahl der pflegebedürftigen Personen wird sich durch die demographische Entwicklung bis zum Jahr 2011 um etwa ein Drittel erhöhen, dabei wird die Gruppe **dementiell erkrankter Menschen,** die mit hoher Wahrscheinlichkeit Bedarf nach Dienstleistungen des formellen Sektors haben, von etwa 83.000 im Jahr 1996 auf rund 100.000 Personen im Jahr 2011 wachsen.

- Der Hauptanteil der Betreuung hilfs- und pflegebedürftiger Menschen zu Hause wird bisher von der Familie erbracht. Selbst bei gleichbleibender Hilfsbereitschaft der Familie ist ein **Sinken ihrer Betreuungskapazitäten** abzusehen, bedingt durch die Verkleinerung der Haushalte, die räumliche Entfernung zwischen Kindern und pflegebedürftigen Eltern und die Zunahme (hoch)betagter Menschen bei gleichzeitig geringerer Zahl an potentiell betreuenden Kindern.

Abbildung 3 Pflegepersonen für ältere Menschen in Privathaushalten bei längerer Krankheit

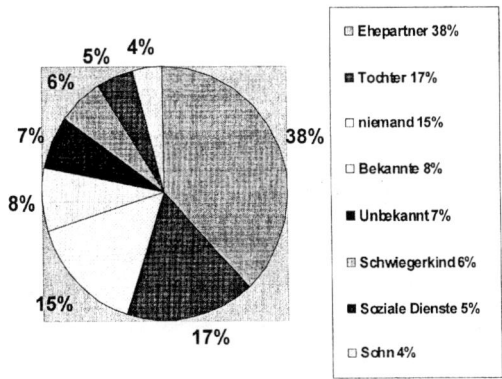

Quelle: Kytir/Münz 1992

Diese Abbildung zeigt, dass bisher sehr viele Pflegepersonen (38 %) von ihrem Ehepartner gepflegt werden. Da aber bei betagten Menschen eine Entwicklung zu Einpersonenhaushalten zu beobachten ist, muss für die große Gruppe der pflegenden Ehepartner rechtzeitig ein Ersatz gefunden werden.

In den letzten 20 Jahren hat sich die Anzahl der stationären Pflegepersonen und Spitalsärzte fast verdoppelt.

Tabelle 3 Stationäre Personalentwicklung von 1980 - 1998

	1980	1990	1998
Spitalsärzte	9.492	12.423	16.317
stationäre Pflege-personen	39.655	55.001	70.766

Quelle: Statistisches Jahrbuch 2001, 100

Der Trend in der demographischen Entwicklung fordert eine Reform im Gesundheitswesen, welche man 1997 mit dem ÖKAP (Österreichischer Krankenanstaltenplan) eingeleitet hat.

Schwerpunkt im "ÖKAP-Neu" ist vor allem der verstärkte Ausbau geriatrischer Abteilungen und Ausbau der ambulanten und stationären psychiatrischen Abteilungen. Man will eine Verbesserung der Spitalsstrukturen für die wachsende Zahl älterer Patienten schaffen. Die gesundheitspolitischen Zielsetzungen des ÖKAP wurden durch das Österreichische Bundesinstitut für Gesundheitswesen (ÖBIG) erarbeitet.

Der ÖKAP ist für alle Beteiligten verbindlich. Bei Nichteinhaltung der Vorgaben des ÖKAP kann der Bund die Auszahlung von Finanzmitteln zur Spitalsfinanzierung an die Länder aussetzen (vgl. Der Privatpatient, 11/99, 9ff).

3.1   Aufnahmeraten und Spitalsentlassungen der Krankenanstalten in Österreich

Aufnahme und behandelte Fälle pro Bett bzw. die Bettenauslastung und die Bettendichte sind Eingangsgrößen, die den Ressourceneinsatz, den Ressourcenverbrauch und damit die Ausgaben in den Krankenanstalten wesentlich mitbestimmen (vgl. Hofmarcher,IHS, 1997, 10)

Abbildung 4 Aufnahmeraten pro Bundesland, 1990 und 1995

Die Aufnahmeraten beinhalten alle Aufnahmen inklusive jener in den Krankenabteilungen der Pflegeheime und in den Rehabilitationszentren.

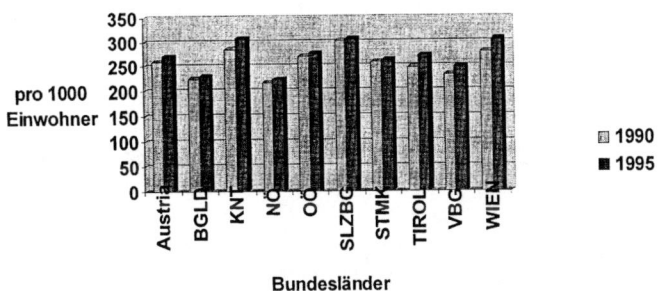

Quelle: Bericht über das Gesundheitswesen in Österreich, Statistische Jahrbücher, ÖSTAT 1990, 1995, eigene Berechnungen

Österreichweit stieg die Aufnahmerate (Krankenhaushäufigkeit) von 250 Aufnahmen pro 1000 Einwohner auf 271 und war 1995 um 5 Prozent höher als 1990. In Kärnten stiegen die Aufnahmeraten um 10 Prozent, in Wien um 9 Prozent und in Vorarlberg um 8 Prozent. Die Aufnahmeraten erscheinen im OECD-Vergleich hoch. Im OECD-

Durchschnitt betrug die Aufnahmerate 1994 etwa 173 und im EU-Durchschnitt 182 (OECD Health Data 1996). In Österreich wird jedoch zB. die Tagesklinik dem stationären in den meisten anderen EU-Ländern aber dem ambulanten Bereich zugeordnet und erschwert somit den Vergleich.

3.1.1 Durchschnittliche Verweildauer in Krankenhäusern der EU Staaten

Ein häufig bestehendes Problem bei der Interpretation von Verweildauerdurchschnittswerten aus unterschiedlichen Quellen ist die Auswahl an verschiedenen Verweildauerdefinitionen. Neben der amtlichen deutschen Bundesstatistik, die in der Krankenhausstatistik sowohl Aufnahmen als auch Entlassungen bei der Verweildauerberechnung berücksichtigt, haben vor allem Formeln Verbreitung gefunden, die entweder nur die Aufnahmen oder nur die Entlassungen eines Kalenderjahres in den entsprechenden Formeln berücksichtigen. Die beiden Varianten weichen im Durchschnitt bis zu 3 Prozent von den Werten der von der amtlichen Krankenhausstatistik gewählten Verweildauerberechnungsmethode ab (vgl. Lebok 2000, 175).

Hohe Aufnahmeraten können die Folge von einer zu frühen Entlassung sein, wenn die extramurale Versorgung mangelhaft ist und der Patient kurz darauf wieder ins Krankenhaus eingeliefert wird also der Drehtüreffekt eintritt. Diese Vermutung wird durch die nachfolgende Tabelle bestätigt. Diese Tabelle zeigt, dass in Österreich die durchschnittliche Verweildauer gegenüber dem EU-Durchschnitt um etwa zwei Tage kürzer war. Eine hohe Aufnahmerate (siehe Österreich), verbunden mit einer kurzen Verweildauer ist somit kein alleiniger Indikator für die Morbiditätsstruktur der Bevölkerung, sondern eher ein Hinweis auf eine mangelnde Koordination der Schnittstelle intra-/extramuraler Bereich.

Tabelle 4 Durchschnittliche Verweildauer in Krankenhäusern in der EU

	Durchschnittliche Verweildauer	
	1980	1994
Austria	**17,9**	**10,3**
Belgium	19,5	12,0
Denmark	12,7	7,5
Finland	21,6	13,1
France	16,7	11,7
Germany	19,7	13,9
Greece	13,3	8,8
Ireland	9,7	7,7
Italy	13,5	11,1
Luxembourg	23,2	16,5
Netherlands	34,7	32,8
Portugal	14,4	9,5
Spain	14,8	11,5
Sweden	24,4	8,2
United Kingdom	19,1	10,2
EU	**18,3**	**12,3**

Quelle: OECD Health Data 1996

Die überdurchschnittlich hohe Verweildauer in Krankenhäusern in den Niederlanden ist auf das Primärarztsystem zurückzuführen. Der Patient kann ausschließlich durch die Überweisung des Hausarztes in stationäre Behandlung gelangen, dh. wer erst einmal in stationäre Behandlung kommt, der hat diese Behandlung wirklich nötig. Weiters praktizieren in den Niederlanden die Fachärzte nur in Krankenhäusern. Sie erbringen dort sowohl ambulante als auch stationäre Leistungen. Kennt man diese Besonderheit des niederländischen Gesundheitssystems nicht, würde man die hohe

Verweildauer völlig falsch beurteilen, daher möchte ich noch einmal auf die Schwierigkeit eines internationalen Vergleiches, in diesem Bereich, hinweisen.

3.1.2 Krankenhausaufenthalte nach Belagsgruppen

Die Verteilung der Krankenhausaufenthalte nach Belagsgruppen gestaltet sich in Österreich in der ersten Hälfte des Jahres 1998 wie folgt:

Null-Tagespatienten	etwas mehr als 10 % der Patienten
1 bis 28 Tage Aufenthalt	86,5 %
mehr als 28 Tage Aufenthalt	3 %

Die Entwicklung der Belagsdauer der Krankenhausaufenthalte zwischen einem und 28 Tagen nimmt kontinuierlich ab, wobei im Jahr 1997 mit der Einführung des LKF-Systems kein wesentlich stärkerer Rückgang zu beobachten war als in den Jahren vor Einführung des neuen Systems. Die durchschnittliche Belagsdauer lag:

1995 bei 7,19,
1996 bei 7,08,
1997 bei 6,74 und
1998 bei 6,57 Tagen.

Bemerkenswert ist auch die Entwicklung der sogenannten Null-Tagespatienten. Der schon in den vergangenen Jahren aufgezeigte Trend hin zu einer tagesklinischen Behandlungsform setzte sich auch 1998 deutlich fort. Null-Tagesaufenthalte in einem Krankenhaus machen immerhin schon fast elf Prozent aller stationären Fälle aus (vgl. Der Privatpatient, I/99,10). Nicht in allen Ländern zählen die Null-Tagesaufenthalte zum stationären Bereich. Daraus ergibt sich für Österreich eine rechnerisch höhere Aufnahmerate. Bei internationalen Vergleichen der Aufnahmeraten wird dieses Faktum oft nicht erwähnt und kann somit manipulativ eingesetzt werden.

3.1.3 Problematik der Nichtunterscheidung zwischen Wieder- und Neuaufnahme

Die folgende Abbildung zeigt die Entwicklung der Spitalsentlassungen von 1990 bis 1998. Interessant ist hierbei, dass zwar um 34,5 Prozent mehr Patienten stationär behandelt worden sind, die durchschnittliche Aufenthaltsdauer aber um 23 Prozent gesunken ist. Die Zahl der stationär behandelten Patienten gibt keine Auskunft darüber, ob es sich um eine Wiederaufnahme oder um eine Neuaufnahme handelt.

Die Problematik der Bestimmung, ob es ich um eine Wieder- oder Neuaufnahme handelt trifft nicht nur auf diese Statistik zu, sondern ist ein allgemeines Problem, dessen sich auch das Statistische Zentralamt bewusst ist (laut Telefonat, vom 30. 5. 2000, mit dem Auskunftsdienst des Statistischen Zentralamtes; Tel: 01/71128/7070 bzw. info@oestat.gv.at). Ein Patient, der zu früh entlassen wurde und in der Folge dessen mit einem anderen Syndrom wieder eingeliefert wird, wird fälschlich als Neuaufnahme registriert, obwohl es sich genau betrachtet um eine Wiederaufnahme handelt. Dies bedeutet, dass die Reduzierung der durchschnittlichen Aufenthaltsdauer nicht als Indikator für den Gesundheitszustand einer Bevölkerung herangezogen werden kann.

Abbildung 5 Spitalsentlassungen stationär versorgter Patienten 1990 und 1998 nach

Abgangsdiagnosen und durchschnittlicher Aufenthaltsdauer (revidierte Zahlen)

Hauptdiagnose	1990		1998	
	stationäre Patienten	durchschn. Aufenthaltsdauer (Tage)	stationäre Patienten	durchschn. Aufenthaltsdauer (Tage)
infektiöse u. parasitäre Krankheiten	40.291	11,5	54.353	8,5
Neoplasien	181.209	11,2	263.922	7,4
Stoffwechsel- u. Immunkrankheiten	60.239	13,8	77.652	10,9
Krankheiten des Blutes	8.560	10,1	15.008	7,2
Psychiatrische Krankheiten	76.598	28,3	119.846	18,8
Krankheiten des Nervensystems u. der Sinnesorgane	100.526	11,1	160.310	7,3
Krankheiten des Kreislaufsystems	251.492	16,3	323.858	14,2
Krankheiten der Atmungsorgane	131.534	9,8	162.277	9,2
Krankheiten der Verdauungsorgane	168.472	10,7	185.696	8,2
Krankheiten der Urogenitalorgane	131.320	8,2	142.595	6,1
Entbindung und Komplikationen der Schwangerschaft	135.646	7,0	125.531	5,7
Krankheiten d. Haut	34.887	9,0	35.283	7,8
Krankheiten des Skeletts, d Muskeln u. des Bindegewebes	143.935	14,0	212.697	11,5
Kongenitale Anomalien	13.530	10,5	15.999	8,0
Perinatale Affektionen	13.236	13,8	13.623	10,7
Sonstige schlecht bezeichente Affektionen	50.384	7,7	66.369	7,6
Verletzungen und Vergiftungen	224.199	10,1	245.466	8,0
Verschiedene Anlässe zur Spitalsbehandlung	21.190	4,8	15.637	3,0
Insgesamt	**1.787.248**	**11,9**	**2.236.122**	**9,6**
Männer	809.988	11,8	1.006.317	9,3
Frauen	977.260	12,0	1.229.805	9,9

Quelle: Statistisches Jahrbuch 2001, 104

47

Die Reduzierung der durchschnittlichen Aufenthaltsdauer, welche mit einem Anstieg der Zahl der stationären Patienten gekoppelt ist, weist daraufhin, dass es sich um den Drehtüreffekt handelt, vorausgesetzt es liegt kein exorbitantes Bevölkerungswachstum vor. Die Schlußfolgerung daraus ist, dass eine Verkürzung der Aufenthaltsdauer ohne Qualitätssicherung im extramuralen Bereich zu keiner Kostenreduzierung führt, wie sie durch die LKF (Leistungsorientierte Krankenhausfinanzierung) beabsichtigt ist.

3.2 Gesundheitsausgaben in Prozent des Bruttoinlandsproduktes

Die nominellen Ausgaben für Gesundheit gemessen am Bruttoinlandsprodukt
wuchsen in Österreich zwischen 1985 und 1993 insgesamt jährlich durchschnittlich
um 7,5 Prozent. In den Länderbudgets wird das *Ausgabenwachstum* im
Gesundheitswesen von jenem für das *Gaststättenwesen* und dem Bereich *Kultur und
Sport* um 0,4 Prozentpunkte *übertroffen* (vgl. OECD Economic Survey - Austria,
1997)

Gemäß einem OECD[1]/VGR-Konzept wurden die Gesundheitsausgaben neu
berechnet. Bei Hinzurechnung der Investitionen betrugen die Ausgaben 1993
167,375 Mio ATS und 1995 184,969 Mio ATS. Demnach betrug der Anteil der
Gesundheitsausgaben am Bruttoinlandsprodukt 8,0 bzw 8,1 Prozent.

Die Gesundheitsquote in Österreich veränderte sich (vgl. Abbildung 6 Anteil der
Gesundheitsausgaben am Bruttoinlandsprodukt 1985 bis 1995 in Österreich) von
1985 bis 1995 nur geringfügig und stieg von 6,7 Prozent 1985 auf 8,1 Prozent 1995.
Von 1989 auf 1990 fielen die Ausgaben um 0,1 % auf 7,2 %. 1991 gab es keinen
Anstieg, die Gesundheitsausgaben verharrten auf 7,2 % und stiegen erst wieder
1992 auf 7,6 %.

---

[1]

Die OECD schlägt für die Ermittlung der Gesundheitsausgaben vor, neben "individuellen
medizinischen Ausgaben", die etwa den "direkten Gesundheitsausgaben" entsprechen, als
zusätzliches Aggregat "kollektive Ausgaben" wie Ausgaben für Gesundheitsförderungsprogramme,
Investitionen, Verwaltung, Forschung und Entwicklung zu berücksichtigen (vgl. OECD Health Systems
Facts and Trends 1960-1991, Vol 1).

Abbildung 6 Anteil der Gesundheitsausgaben am Bruttoinlandsprodukt 1985 bis 1995 in Österreich

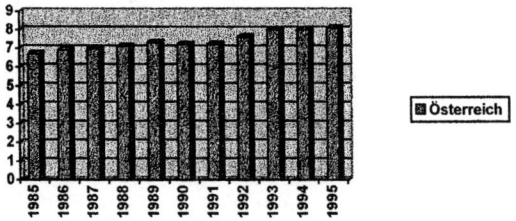

Quelle: OECD Economic Survey - Austria, 1997

In den zehn Jahren von 1985 bis 1995 sind die Gesundheitsausgaben gemessen am Bruttoinlandsprodukt nur geringfügig gestiegen, beachtet man aber die demographische Entwicklung, "Vergreisung der Gesellschaft", so wird ersichtlich, dass sich über einen längeren Zeitraum ein dringender Handlungsbedarf ergibt, die Gesundheitsausgaben in den Griff zu bekommen. Da immer weniger Erwerbstätige, die Anzahl der Personen, die kein produktives Einkommen beziehen (Pensionisten), aber einen großen Anteil der Gesundheitsausgaben verursachen, finanzieren müssen.

Ein internationaler Vergleich zeigt, dass Österreich mit einer Gesundheitsquote von 8,1 % in das untere Mittelfeld einzuordnen ist.

Abbildung 7 Anteil der Gesundheitsausgaben am Bruttoinlandsprodukt 1984 und 1995 im internationalen Vergleich

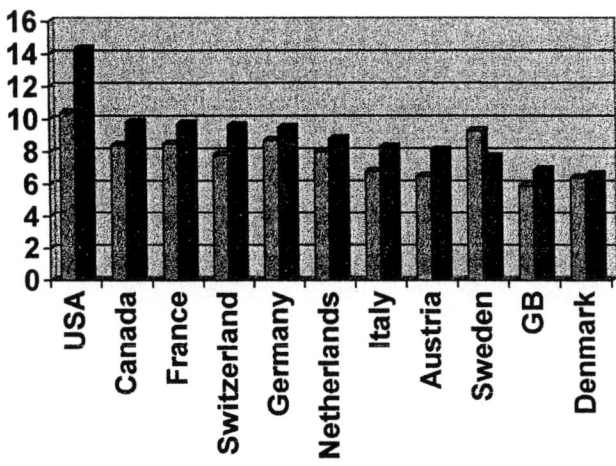

Quelle: OECD Health Data 1996

Nur in Schweden ist die Gesundheitsquote von 9,3 % auf 7,7 % gesunken. In den übrigen Ländern ist ein Anstieg der Gesundheitsquote ersichtlich.

3.2.1 Mittelaufbringung

Die prozentuelle Aufteilung der Finanzierungslast änderte sich von 1993 gegenüber 1995 zu Lasten der privaten Haushalte und den privaten Versicherungen. Es lässt sich eine Verschiebung der Finanzierungslast von den öffentlichen Haushalten und den Sozialversicherungsträgern zu den privaten Haushalten[2] ,den privaten Rechtsträgern und die privat-gemeinnützigen Krankenanstaltenträger feststellen.

Wurden 1993 noch 58,6 Prozent der Gesundheitsausgaben von den Sozialversicherungsträgern aufgebracht, so waren es 1995 nur noch 54 Prozent. Die Mittelaufbringung der privaten Haushalte und privaten Versicherungen betrug 1993 22,7 Prozent und stieg 1995 auf 25 Prozent. Bund, Länder und Gemeinden finanzierten 1993 noch 16,9 Prozent, 1995 nur noch 14 Prozent der Gesundheitsausgaben. Der Rest entfiel auf die privat-gemeinnützigen Krankenanstaltenträger (vgl. Hofmarcher, 1997, 22).

3.2.2 Mittelverwendung

Die Mittelverwendung zeigt für das Jahr 1993 folgendes Bild:

Abbildung 8 Mittelverwendung 1993

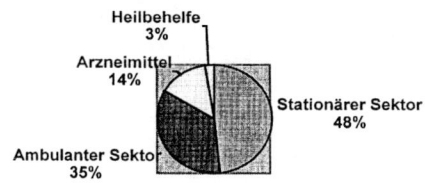

Quelle: Rosian, I.: Gesundheitsausgaben - Eine Bestandsaufnahme, unveröffentlichter Rohbericht für den Beirat für Wirtschafts- und Sozialfragen, ÖBIG 1995

---

[2] Durch die Neuberechnung der Gesundheitsausgaben hat sich das Niveau der Ausgaben der privaten Haushalte deutlich verringert. Anteilsmäßig sind die privaten Gesundheitsausgaben im Zeitablauf um 2 Prozentpunkte von 22,4 Prozent 1985 auf 24,4 Prozent 1995 gestiegen.

Der größte Anteil der Ausgaben wurde im Krankenanstaltensektor verwendet. Im EU-Durchschnitt wurden 1995 etwa 45 % der Gesundheitsausgaben für Krankenanstalten verwendet (OECD 1997). Der Krankenanstaltensektor ist in allen OECD-Ländern jener Bereich, in dem die größten Anstrengungen unternommen werden, um das Wachstum der Gesundheitsausgaben zu bremsen. In Österreich versuchte man durch die Einführung der LKF (Leistungsorientierte Krankenhausfinanzierung) die Ausgaben im stationären Sektor zu senken.

Abbildung 9 Mittelverwendung 2000

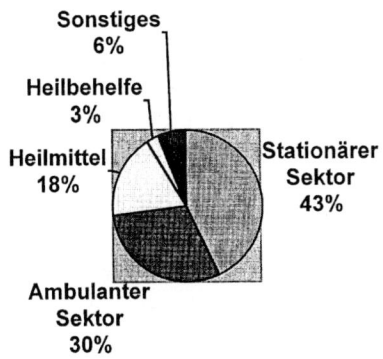

Quelle: Eigene Recherche bei der OÖGKK

3.3 Gesundheitsausgaben und Trends im europäischen Vergleich

Sehr oft werden internationale Vergleiche unterschiedlicher Gesundheitssysteme vorgenommen und manipulativ eingesetzt um Kürzungen im einheimischen Gesundheitssystem rechtfertigen zu können. Vergleiche sind notwendig, sie sind dann aussagekräftig, wenn folgende Schwierigkeiten berücksichtigt werden.

3.3.1 Schwierigkeiten, die sich beim Vergleich internationaler Gesundheitssysteme ergeben

Kritiker des nationalen Gesundheitswesens verwenden gerne internationale Vergleiche um den "Nachteil" nationaler Krankenhäuser zu unterstreichen, wobei nur selten ein Wort darüber verloren wird, ob die Berechnungsformeln identisch sind oder ob die Gesundheitssysteme überhaupt miteinander vergleichbar sind. Auf keinen Fall können unsere Krankenhäuser (wobei auch Reha-Einrichtungen mit vergleichsweise hoher Verweildauer enthalten sind) überlanger Krankenhausaufenthalte bezichtigt werden (vgl. Lebok 2000, 191ff).

Folgende Schwierigkeiten ergeben sich beim Vergleich internationaler Gesundheitssystem:

-   Die OECD weist ausdrücklich auf die Schwierigkeit eines internationalen Vergleiches hin, da manche Länder den **Tag der Spitalsentlassung** zur Verweildauer hinzurechnen, andere nicht.

-   Wie eine Statistik der OECD zeigt, zählen **Null-Tagespatienten** in den wenigsten EU-Staaten zu den stationären Patienten. In Österreich werden diese allerdings teilweise zu den stationären Patienten gezählt. In den Niederlanden, Luxemburg, Griechenland und der Türkei werden sie gänzlich dem stationärem Bereich zugeordnet (vgl. Anhang). Dies erklärt zT., warum die Niederlanden eine mehr als doppelt so hohe Verweildauer in Krankenhäusern als Deutschland haben (vgl.3.1.1).

-   Die selbe Problematik betrifft die **Notfallsbetten,** die ebenfalls nicht einheitlich dem stationärem Bereich zugewiesen werden.

- Weder der Todestag noch der Tag der Verlegung in eine andere Klinik unterliegen einer einheitlichen Regelung, in manchen Ländern werden sie zur Verweildauer gezählt in anderen Ländern nicht.

- Ebenso existieren verschiedene Typen von Institutionen (Pflegeheime, Altenheime etc.), die keiner einheitlichen Erfassung (stationär vs. ambulant) unterliegen.

- Werden die Kosten der Spitäler verglichen, so ist zu beachten, dass beispielsweise in Deutschland die **Gehälter der Krankenhausärzte** zu den Spitalskosten gezählt werden in anderen Ländern nicht.

3.3.2 Wachstum der nominellen Gesundheitsausgaben und des nominellen Bruttoinlandproduktes in der EU

Die folgende Tabelle zeigt, dass im EU-Durchschnitt die Gesundheitsausgaben rascher wachsen als das Bruttoinlandsprodukt. In Österreich wuchsen die Gesundheitsausgaben verglichen mit dem BIP, in der Periode von 1980 - 1985 um 0,6 Prozentpunkte, das entspricht exakt dem EU-Durchschnitt. In Belgien war ein weitaus rascherer Anstieg (2,4 Prozent) der Gesundheitsausgaben zu verzeichnen. Neben Belgien hatten auch Finnland, Frankreich, Griechenland, Portugal und Großbritannien ein weitaus größeres Wachstum der Gesundheitsausgaben im Vergleich zum BIP zu verzeichnen als Österreich.

In der Periode 1985 - 1990 stiegen die Gesundheitsausgaben gegenüber dem BIP um 1,4 Prozent, lagen aber noch immer im EU-Durchschnitt. Die Periode 1990 - 1995 zeigt jedoch einen Anstieg der Gesundheitsausgaben im Vergleich zum BIP um 2,1 Prozent und wird hierbei nur noch von Deutschland, Großbritannien, Griechenland und Portugal übertroffen.

55

Tabelle 5 Wachstum der nominellen Gesundheitsausgaben (GA) und des nominellen Bruttoinlandproduktes (BIP) in der EU

	1980-1985		1985-1990		1990-1995	
	GA	BIP	GA	BIP	GA	BIP
Austria	**6,9**	**6,3**	**7,4**	**6,0**	**7,6**	**5,5**
Belgium	9,0	6,6	6,8	6,2	5,3	4,4
Denmark	8,7	10,5	6,0	5,4	4,4	4,2
Finland	14,2	11,6	11,2	9,2	1,8	1,3
France	13,4	10,9	7,8	6,7	5,5	3,1
Germany	5,0	4,4	4,9	5,9	10,5	7,4
Greece	24,8	22,0	20,1	18,5	20,9	15,6
Ireland	11,1	13,7	4,5	7,8	7,1	6,3
Italy	16,2	15,9	13,3	10,1	5,2	6,2
Luxembourg	8,9	9,1	8,9	8,8	6,1	7,9
Netherlands	4,4	4,5	5,2	4,0	5,3	4,2
Portugal	25,0	22,9	20,0	19,1	14,5	10,8
Spain	13,3	13,2	16,7	12,2	9,0	6,8
Sweden	9,1	10,3	8,7	9,4	1,4	3,8
United Kingdom	9,9	9,0	9,6	9,1	7,9	5,0
EU	12,0	11,4	10,1	9,2	7,5	6,2

Quelle: OECD Health Data, 1996

Im "Eurostat Jahrbuch 2001" (Ausgabe Juni 2001) werden die Gesundheitsausgaben in Kaufkraftstandards (KKS) ausgedrückt. Die durchschnittlichen Ausgaben der EU entsprechen jenen Japans. Sie liegen dagegen deutlich unter denen der Vereinigten Staaten. In der EU wurden 1998 im Durchschnitt 1768 KKS je Einwohner für Gesundheit ausgegeben, in den Vereinigten Staaten 4178 KKS.

Tabelle 6 Gesamtausgaben für Gesundheit je Einwohner im Jahr 1998 (in KKS)

EU	B	DK	D	GR	E	F	IRL	I	L	NL	A	P
1768	2081	2133	2424	1167	1218	2077	1436	1783	2215	2070	1968	1237

FL	S	UK	ISL	N	CH	USA	CA	J
1502	1746	1461	2103	2425	2794	4178	2312	1822

Quelle: Eurostat Jahrbuch 2001

Dabei ist zu beachten, dass ein höherer Betrag der Ausgaben für Gesundheit je Einwohner in einem Land einerseits bedeuten kann, dass die Einwohner dieses Landes besser versorgt sind, andererseits aber auch ein Indikator dafür sein kann, dass die Gesamtkosten für Gesundheit in diesem Land höher sind.

3.3.3 Kostenexplosion bei der Entwicklung der Gesundheitsausgaben

In der Zeit nach dem Zweiten Weltkrieg sind die Gesundheitsausgaben in Europa stetig gewachsen. Allein von 1970 bis 1996 stiegen die gesamten Ausgaben für Gesundheit in Deutschland von 69,7 Mrd. DM auf 445,9 Mrd. DM, also um 640 % des Ausgangswertes, diese Tatsache wird von Politikern gerne als Kostenexplosion im Gesundheitswesen bezeichnet, dabei werden aber drei Faktoren außer Acht gelassen (vgl. Hajen/Paetow/Schumacher, 2000, 81):

- Die nominalen Ausgaben (zu jeweiligen Preisen) sind durch die inflationäre Entwicklung des Preisniveaus vor allem in den siebziger und den frühen achtziger Jahren aufgebläht. Preise und Umsätze sind während dieser Zeit generell gestiegen, ohne dass dahinter eine reale Expansion in gleichem Umfang stand. Es wurden die Güter einfach nur teurer bezahlt. Davon war das Gesundheitswesen wegen des negativen Preisstruktureffekts sogar überproportional betroffen. Real, also in Outputmengen gemessen, sind folglich die Gesundheitsleistungen weit weniger gestiegen.

- Die realen Einkommen der privaten Haushalte sind parallel zum realen Anstieg der Gesundheitsleistungen gewachsen. Infolgedessen stieg der Anteil, den die Gesundheitsausgaben am Budget eines Haushalts im Durchschnitt haben, nicht wesentlich.

- Die Gesundheitsausgaben sind lediglich in der unmittelbaren Nachkriegszeit überproportional gestiegen. Seit den siebziger Jahren steigen die Gesundheitsausgaben in den meisten entwickelten Industrieländern parallel zur gesamten Wirtschaftsleistung.

Eine objektive Entwicklung der Gesundheitsausgaben lässt sich daher viel besser anhand von Gesundheitsquoten, die den Anteil der Gesundheitsausgaben am Bruttoinlandsprodukt oder an einem anderen vergleichbaren Indikator für die Wirtschaftsleistung wiedergeben, darstellen.

Tabelle 7 Gesundheitsquote im internationalen Vergleich

	1980	1985	1990	1991	1992	1993	1994	1995	1996	1997
BRD	8,8	9,3	8,7	9,4	9,9	10,0	10,0	10,4	10,5	10,4
DK	8,7	8,2	8,2	8,2	8,2	8,4	8,2	8,0	8,0	7,7
F	7,6	8,5	8,9	9,1	9,4	9,8	9,7	9,9	9,7	9,9
GB	5,6	5,9	6,0	6,5	6,9	6,9	6,9	6,9	6,9	6,7
I	7,0	7,1	8,1	8,4	8,5	8,6	8,4	7,7	7,8	7,6
NL	7,9	7,9	8,3	8,6	8,8	9,0	8,8	8,8	8,6	8,5
S	9,4	9,0	8,8	8,7	8,8	8,9	8,7	8,5	8,6	8,6
USA	9,1	10,6	12,6	13,4	13,9	14,1	14,1	14,1	14,0	14,0
Japan	6,4	6,7	6,0	6,0	6,4	6,6	7,0	7,2	7,2	7,3

Quelle: Hajen/Paetow/Schumacher, 2000, 82

Auffallend ist, dass es in Dänemark und in Schweden seit 1980 keine Erhöhung der Gesundheitsquote gab.

Ergänzend zur o.a. Tabelle die Gesundheitsquote von Österreich (vgl. OECD, Health Data, 1996):

1980-85:	6,9
1985-90:	7,4
1990-95:	7,6
2000:	9

In den letzten zwanzig Jahren haben sich in den meisten OECD-Staaten die Gesundheitsquoten nur mäßig geändert. Eine Besonderheit stellt die Gesundheitsquote in den USA dar. Sie schnellte zwischen 1980 und 1997 von 9,1 auf 14,0 % hoch, ohne dass sich dies in Indikatoren für die Qualität der medizinischen Versorgung oder in einer höheren Lebenserwartung niedergeschlagen hat (vgl. Zdrowomyslaw, 1997, 102f). Die Gründe für die hohen Gesundheitsausgaben in den USA hängen vielmehr mit deren stärker wettbewerblich organisiertem Gesundheitssystem zusammen. Höher sind vor allem (vgl. Hajen/Paetow/Schumacher, 2000, 85f)

- der Verwaltungsaufwand u.a. wegen des höheren Aufwandes für Marketing, Werbung und Controlling,
- Diagnoseaufwand und Versicherungskosten wegen des rigiden US-amerikanischen Haftungsrechtes,
- die Arzteinkommen,
- der Selbstmedikationsanteil,
- der Anteil an konsumnahen Gesundheitsleistungen,
- das technische Niveau vor allem der Krankenhausmedizin.

Von einer Kostenexplosion, wie sie in der politischen Diskussion immer wieder als Schreckensbild an die Wand gemalt wurde, um die Forderung nach drastischen Einschnitten in Sozialleistungen zu untermauern, kann also in Europa nicht die Rede sein. Betrachtet man die nachfolgende Tabelle 8 Kostenentwicklung der medizinischen Versorgung, so sieht man, dass in Österreich seit 1998 Betten abgebaut und Krankenanstalten geschlossen werden.

Tabelle 8 Kostenentwicklung der medizinischen Versorgung

	1996		1997		1998		1999	
					absolut, ±% Vorjahr			
Medizinische Versorgung								
Krankenanstalten [1]	328	-0,6	329	+0,3	330	+0,3	325	-1,5
Betten, 1.000 [1]	76,3	+1,9	75,3	-1,3	74,8	-0,6	73,6	-1,6
Ärzte insgesamt, 1.000	31,9	+2,2	32,7	+2,4	33,7	+4,3	33,5	-0,5
Dav.: Praktische Ärzte	10,2	+2,2	10,4	+2,5	10,7	+2,8	10,6	-1,0
Fachärzte	12,2	+6,9	12,9	+5,8	13,6	+5,9	13,6	-0,3
Zahnärzte	3,5	+4,0	3,6	+2,8	3,6	-0,1	3,7	-0,6
Ärzte in Ausbildung	6,1	-6,9	5,8	-4,6	5,7	-1,2	5,6	-1,4
Pflegepersonal, 1.000	69,0	+1,8	69,9	+1,3	70,8	+1,2	72,0	+1,7
Belagstage, 1.000 [1]	21.3 51	-1,6	20.9 22	-2,5	20.9 47	+0,1	20.8 52	-0,5
Gestorbene, 1.000	80,8	-0,5	79,4	-1,7	78,3	-1,4	78,2	-0,2
Dar. an: Herz-Kreislauf-erkrankungen	43,8	+0,7	43,0	-1,7	42,5	-1,0	42,1	-1,0
Krebs	18,8	-1,7	18,8	+0,1	18,7	-1,0	18,7	+0,3
Unfall	2,8	-5,6	2,7	-3,4	2,5	-7,8	2,7	+7,5
Selbstmord	1,8	-0,5	1,6	-10,5	1,6	-2,1	1,6	-0,3
Leistungen der Krankenversicherung, S								
Vertragsärztliche Hilfe [2]	552	+2,3	561	+1,6	574	+2,3	585	+1,9
Anstaltspflege [3]	2.19 8	+1,7	2.19 3	-0,2	2.17 8	-0,7	2.284	+4,9
Heilbehelfe [4]	1.02 6	-4,7	1.05 1	+2,4	1.07 8	+2,6	1.058	-1,9
Mutterschaftsleistung [5]	66.3- 10	+3,1	67.2 17	+1,4	70.3 12	+4,6	74.00 4	+5,3
Krankenstandstage pro Fall	12,9	-2,3	12,4	-3,9	12,6	+1,6	12,5	-0,8
Arbeitsunfälle [6], 1.000	233, 8	-4,9	207, 0	-11,5	194, 1	-6,2	202,1	+4,1

1) Am 31. Dezember d.J. nach Bettenbericht.
2) Honorar je Fall.
3) Kosten pro Tag.
4) Kosten je Verordnung.
5) Kosten je Fall.
6) Ohne Berufskrankheiten.

Quelle: Statistik Austria, 2001

Bei der Anstaltspflege sind die Kosten pro Tag um 4,9 % gestiegen. Daher wird von den politischen Entscheidungsträgern versucht, den Trend "ambulant vor stationär" voranzutreiben. Weiters sind auch die Kosten je Fall der Mutterschaftsleistung um 5, 3 % gestiegen.

Die Anzahl der Krankenhausbetten auf 100.000 Einwohner ist in Österreich in Vergleich zu den anderen OECD Staaten hoch. Wobei angemerkt werden muß, dass in Deutschland, den Niederlanden und Portugal die Betten von Pflegeheimen und Tageskliniken nicht in dieser Zahl enthalten sind und in Österreich sogar Betten von Tageskliniken teilweise dem stationären Bereich zugerechnet werden.

Tabelle 9 Krankenhausbetten auf 100.000 Einwohner in den OECD Staaten

Land	1996	1997	1998
Belgien	734		
Dänemark	475	465	455
Deutschland	726	708	697
Spanien	391		
Frankreich	897		
Irland	525	507	495
Italien	650	582	
Niederlanden	517	514	504
Österreich	920	909	
Portugal	414	391	401
Finnland	811	789	773
Schweden	560	522	
Norwegen	401	398	
Schweiz		1828	1815
Japan	1335	1329	
USA	400	388	
UK	420		

Quelle: Eurostat 2000

Nicht alle OECD-Staaten konnten Zahlen für die Periode 1996 - 1998 zur Verfügung stellen.

Alle anderen Bereiche verzeichnen mehrheitlich Rückgänge bei der Kostenentwicklung. Es kann daher nicht von einer Kostenexplosion im österreichischen Gesundheitswesen gesprochen werden.

3.3.4 Allgemeine Trends in europäischen Gesundheitssystemen

Eine Vernetzung der einzelnen Akteure im Gesundheitssystem, sowie eine klare Festlegung der Verantwortung sind als Trends in den europäischen Gesundheitssystemen festzustellen (vgl. Baumberger, 2001, 85f):

-   Die ambulante Krankenpflege wird gestärkt, die Rolle der Krankenhäuser ist die einer ergänzenden Instanz zur Unterstützung der ambulanten Krankenpflege.

-   Die Krankenhäuser erhalten größere Autonomie gegenüber der politischen Führung im Sinne selbständiger wirtschaftlicher Einheiten mit Leistungsauftrag. Ihr Wissensmonopol wird durchbrochen.

-   Gesundheitsziele sind die Basis der Gesundheitsversorgung, es bestehen klarere Aufträge als bisher. Die Gesundheitsförderung wird integral einbezogen und ein mehrere Sektoren betreffendes Vorgehen (Maastrichter Abkommen, Artikel 129) wird mit dem Ziel von sowohl gesundheitlichem als auch sozialem Nutzen angestrebt.

-   Der klinische Bereich wir durch die Mitübernahme wirtschaftlicher Verantwortung in das Management des Gesundheitswesens einbezogen. Dies gilt sowohl im stationären als auch im ambulanten Bereich.

-   Im Zentrum von Leistungserbringungsverträgen werden Qualitätsstrategien stehen, um sicherzustellen, dass die geforderten Leistungen auch in der entsprechenden Qualität erbracht werden.

-   Die Gesundheitsversorgung und die Erbringung von Leistungen im Gesundheitswesen werden auf Wissen gestützt. Wirksamkeit und Wirtschaftlichkeit von erbrachten Leistungen müssen ausgewiesen werden.

Stichworte sind hier "die richtige Behandlung am richtigen Ort" sowie "Evidence Based Medicine".

Information zur öffentlichen Gesundheit, integrierte Gesundheits-Informationssysteme und Information über Behandlung und Ergebnisse werden als Schlüssel für eine wirksame und patientenorientierte Gesundheitspolitik angesehen (vgl. Baumberger, 2001, 88).

Um verschiedene Gesundheitssysteme vergleichen zu können, sind in der Gesundheitssystemforschung verschiedene Strukturmerkmale herausgearbeitet worden (vgl. Abbildung 10 Strukturmerkmale von Gesundheitssystemen). Ganz allgemein versteht man unter Gesundheitssystem alle Institutionen und Aktivitäten, die auf die Versorgung der Bevölkerung mit Gesundheitsleistungen und deren Finanzierung ausgerichtet sind.

Abbildung 10 Strukturmerkmale von Gesundheitssystemen

Strukturmerkmale von Gesundheitssystemen			
Finanzierungs-verfahren	Steuern	Beiträge	Versicherungs-prämien
Allokations-verfahren	Planung, Regulierung	Kollektivver-handlung (korporatistisch)	Markt-, Wettbewerbs-steuerung
Organisations-struktur	integriert		fragmentiert
Eigentumsstruktur der Ressourcen	staatlich	non-profit	privatwirtschaftlich
Vergütungs-system	prospektiv		retrospektiv
Kapazitäten	Ärztedichte, Bettendichte, Gerätedichte		
Machtverteilung	konsumentendominiert		anbieterdominiert

Quelle: Hajen/Paetow/Schumacher, 2000, 229

Das Allokationsverfahren bezieht sich auf die Art der Bereitstellung des Leistungsangebots im Gesundheitssystem. Die Gesundheitssystemforschung unterscheidet hier zwischen staatlicher Planung und Regulierung und einer dezentralen, marktwirtschaftlichen Steuerung.

Da in manchen Gesundheitssystemen die Verbände wesentliche Steuerungsfunktionen wahrnehmen, wird häufig als drittes Allokationsverfahren die korporatistische Steuerung unterschieden. Hier erfolgt die Allokation der Ressourcen über Kollektivverhandlungen zwischen den Verbänden der Anbieter und denen der Konsumenten von Gesundheitsleistungen (vgl. Hajen/Paetow/Schumacher, 2000, 230f).

Die nachfolgende Tabelle 10 Organisationsformen der Gesundheitssysteme soll einen Überblick über die Organisationsformen der Gesundheitssysteme in Europa und in den USA geben.

Tabelle 10 Organisationsformen der Gesundheitssysteme

Land	Überwiegende Finanzierungsorganisation	Überwiegende Leistungsorganisation
USA	Private Versicherungen	Private Leistungserstellung, Managed Care Organisationen
Schweiz	Versicherung mit Subventionierung	Ambulant privat, stationär teils öffentlich, Managed Care Organisationen
Deutschland	Sozialversicherung	Ambulant privat, stationär teils öffentlich
Niederlande	Sozialversicherung mit Grundversicherung	Überwiegend privat
Österreich	Sozialversicherung	Ambulant überwiegend privat, stationär überwiegend öffentlich
Frankreich	Sozialversicherung	Ambulant privat, stationär überwiegend öffentlich
Belgien	Sozialversicherung mit Subventionierung	Ambulant privat, stationär teils öffentlich
Luxemburg	Sozialversicherung	Überwiegend private Leistungserstellung
Portugal	Gemischtes System: Nationaler Gesundheitsdienst mit Beitragsfinanzierung	Überwiegend öffentlich
Griechenland	Gemischtes System: Nationaler Gesundheitsdienst mit Beitragsfinanzierung	Überwiegend öffentlich
Spanien	Gemischtes System: Nationaler Gesundheitsdienst mit Beitragsfinanzierung	Überwiegend öffentlich
Italien	Nationaler Gesundheitsdienst mit Beitragsfinanzierung	Überwiegend öffentlich
Irland	Öffentlich finanzierter Gesundheitsdienst	Überwiegend privat
Vereinigtes Königreich	Nationaler Gesundheitsdienst, interner Markt	Überwiegend öffentlich
Schweden	Nationaler Gesundheitsdienst, interner Markt	Überwiegend öffentlich
Dänemark	Nationaler Gesundheitsdienst, interner Markt	Überwiegend öffentlich
Kanada	Nationaler Gesundheitsdienst	Ambulant privat, stationär öffentlich
Japan	Sozialversicherung	Private Leistungserstellung

Quelle: Schneider, 1998, 23

Die Tabelle ist geordnet nach der Bedeutung des Versicherungsprinzips für die Allokation und Finanzierung des jeweiligen Gesundheitssystems. Ganz oben stehen dabei die USA, bei denen sowohl Finanzierung wie Leistungserstellung überwiegend privat erfolgen. In Dänemark dagegen ist das Versicherungsprinzip nahezu vollständig durch das Sozialprinzip ersetzt und Finanzierung wie Leistungsorganisation sind überwiegend öffentlich. Es gibt jedoch keinen Industriestaat, in dem eine bestimmte Finanzierungsalternative (durch Steuern, einkommensabhängige Beiträge oder risikoadäquate Prämien) in Reinform besteht.

In den Gesundheitssystemen ist ein Paradigmenwechsel festzustellen, der wie folgt (Tabelle 11 Paradigmenwechsel in europäischen Gesundheitssystemen) dargestellt werden kann:

Tabelle 11 Paradigmenwechsel in europäischen Gesundheitssystemen

HEUTE	MORGEN
Isolierte Leistungserbringer	Kontinuum der Gesundheitsversorgung
Fokus auf Input und Vergangenheit	Fokus auf Ergebnisse und Zukunft
Patient: Empfänger von Leistungen	Patient: informiert und organisiert
Geschlossene Systeme/ungenaue Standards für Leistungserbringung	offene Systeme und Standardisierung
Konzentration auf Management	Konzentration auf Ärzte und Patienten
Informationssysteme des Finanzwesens und der Organisation	Patienten- und prozessorientierte Systeme

Quelle: Baumberger, 2001, 91

Der Paradigmenwechsel in europäischen Gesundheitssystemen macht auch vor Österreich nicht halt. Der österreichische Ärztekammerpräsident überlegt die Einführung eines Zertifikates, ähnlich dem ISO-Zertifikat im Sektor Wirtschaft, welches dem Patienten zeigt, ob sich sein Arzt weiterbildet und somit immer am neuesten Stand der Wissenschaft ist. Der Patient kann qualitätsorientiert entscheiden und den Arzt wechseln, wenn dieser nicht den Qualitätsnormen entspricht. Es entsteht eine Konkurrenzsituation zwischen den Ärzten, welche patientenorientierte Systeme schafft.

Mit den Vernetzungsbemühungen zwischen ambulantem und stationärem Bereich wird versucht vom isolierten Leistungserbringer zu einem Kontinuum der Gesundheitsversorgung zu gelangen.

3.4 Gesundheitsausgaben im internationalen Vergleich

Werden, laut der Studie von der World Health Organisation, dem "WHO Reports 2000", die Gesundheitsausgaben in internationalen Dollars verglichen, zeigt sich folgendes Bild (vgl. WHO Report 2000, 192ff)

1. Platz	USA
2. Platz	Schweiz
3. Platz	Deutschland
4. Platz	Frankreich
5. Platz	Luxemburg
6. Platz	Österreich
7. Platz	Schweden
8. Platz	Dänemark
9. Platz	Niederlanden
10. Platz	Kanada

Die Gesundheitsausgaben in Prozenten des Bruttoinlandsproduktes zeigen ein noch deutlicheres Bild. Laut nachstehender Tabelle betragen die Gesundheitsausgaben in Österreich 9 % des Bruttoinlandsprodukts. Der Vorwurf, dass Österreich exorbitant hohe Gesundheitsausgaben - gemessen am Bruttoinlandsprodukt - hat, ist (für ein industrialisiertes Land) nicht gerechtfertigt.

USA:	13,7 %
Deutschland:	10, 5 %
· Schweiz:	10,1 %
Libanon:	10, 1%
Uruguay:	10 %
Frankreich:	9,8 %
Slowenien:	9,4 %
Italien:	9,3 %
Kolumbien:	9,3 %
Schweden:	9,2 %
Österreich:	9 %

Quelle: WHO Report 2000, Annex Table 8, 192 ff

Der "WHO Report 2000" (vgl. Anhang) analisierte weiters:

-      Die Fairness der finanziellen Beiträge (1. Platz Kolumbien)
-      Gesundheitsniveau (1. Platz Japan)
-      Erreichung der Gesundheitsziele (1. Platz Japan)

3.5 Internationaler Vergleich der Zugänglichkeit zum Gesundheitssystems für alle Bevölkerungsschichten

Die neueste Studie von World Health Organisation, der "WHO Report 2000", ergab, dass gemessen an der Zugänglichkeit des Gesundheitssystems auch für die ärmsten Bevölkerungsgruppen, unter 191 Mitgliedsstaaten (vgl.WHO Report 2000, 153ff),...

Frankreich den   1. Platz
Italien   2. Platz
Österreich   9. Platz

...belegt.

Die WHO hat folgende Methode zur Messung der Zugänglichkeit des Gesundheitssystems für alle Bevölkerungsschichten angewandt: "The measurement of achievement in the level of responsiveness was based on a survey of nearly two thousand key informants in selected countries. Key informants were asked to evaluate the performance of their health system regarding seven elements of responsiveness: dignity, autonomy and confidentiality (jointly termed respect of persons); and prompt attention, quality of basic amenities, access to social support networks during care and choice of care provider ... (vgl. WHO Report 2000, 147)".

Am Beginn dieses Kapitels wurde die Frage gestellt, ob das österreichische Gesundheitswesen in seiner Ausgabenstruktur Besonderheiten aufweist.

Das Ranking von WHO zeigt, dass Österreich bei den Gesundheitsausgaben der europäischen Industriestaaten im Mittelfeld liegt.

Weiters liefert diese Studie ein anderes Bild über die Zugänglichkeit zum Gesundheitssystem für alle Bevölkerungsschichten, als es von den Medien suggeriert wird. Der Vorwurf, das österreichische Gesundheitssystem sei "übersozial", ist nicht gerechtfertigt. Die Zugänglichkeit zum Gesundheitswesen muß für alle Staatsbürger gegeben sein. Die medizinische Grundversorgung darf in einem westlichen Industrieland keine Frage der sozialen Schichtzugehörigkeit sein.

3.6   Soll-/Istvergleich der ambulanten Versorgung in Österreich

Die Versorgungssituation mit ambulanten pflegerischen und sozialen Diensten weist **zwei Kennzeichen** auf (vgl. ÖBIG, 1999, IV):

1. Das Angebot ist **regional ungleich verteilt**, und zwar bestehen bedeutende Unterschiede zwischen den Bundesländern und in einigen Ländern auch zwischen den Bezirken.

    Die Höchste Dichte an Pflege- und Betreuungspersonen gibt es mit allein 19 Heimhilfen pro 1.000 Einwohnern ab 75 Jahren in Wien (Daten über diplomierte Pflegepersonen und Altenhelfer/Pflegehelfer liegen für Wien nicht vor).

    Ein über dem österreichischen Durchschnitt liegendes Angebot besteht auch in Salzburg mit rund 15 Pflege- und Betreuungspersonen pro 1.000 Einwohner ab 75 Jahren, gefolgt von Niederösterreich mit rund 13 und Vorarlberg mit rund 10.

    Kärnten, die Steiermark und Tirol liegen mit rund sieben Pflege- und Betreuungspersonen pro 1.000 ab 75jährigen unter dem Bundesdurchschnitt.

    Am unteren Ende der Skala finden sich das Burgenland (ca. sechs Pflege- und Betreuungspersonen pro 1.000 Einwohnern ab 75 Jahren) und Oberösterreich (knapp vier).

    In Kärnten, Niederösterreich und in der Steiermark gibt es beträchtliche Unterschiede in der Versorgungsdichte zwischen den Bezirken; ein regional ausgewogenes Angebot zeigt sich dagegen im Burgenland, in Oberösterreich und in Vorarlberg.

2. Die **Qualifikationsstruktur** des Pflege- und Betreuungspersonals - das heisst der Anteil der Berufsgruppen - **unterscheidet sich** sehr zwischen den Bundesländern (ohne Wien). Die Tätigkeitsfelder der Berufsgruppen sind somit nicht bundesweit vergleichbar.

In Vorarlberg liegt der Schwerpunkt des Personals auf diplomierten Krankenpflegepersonen (55 Prozent), in Salzburg machen diese dagegen nur 16 Prozent, in Kärnten 19 Prozent und in Niederösterreich 20 Prozent des Personalangebotes aus.

In Niederösterreich und in Salzburg stellen die Heimhilfen bzw. ambulanten Haushilfen mit zwei Drittel des Pflege- und Betreuungspersonals die größte Berufsgruppe.

In Oberösterreich liegt das Hauptgewicht der ambulanten Dienste wiederum bei Alten(fach)betreuern; hier werden keine Heimhilfen beschäftigt.

Nach der Schilderung des Iststandes folgt nun die Beschreibung des Sollstandes, der durch folgende **Mindeststandards** für ambulante Dienste, in der Vereinbarung über gemeinsame Maßnahmen des Bundes und der Länder für pflegebedürftige Personen, festgelegt wurde (vgl. Anhang Artikel 15a B-VG über gemeinsame Maßnahmen des Bundes und der Länder für pflegebedürftige Personen):

- Den pflegebedürftigen Menschen ist Wahlfreiheit zwischen den angebotenen Diensten einzuräumen.
- Die Leistungen müssen ganzheitlich erbracht werden.
- Vernetzung und möglichst fließende Übergänge zwischen ambulanten und stationären Diensten müssen sichergestellt werden.
- Existentielle Betreuungsdienste sind bei Bedarf auch an Sonn- und Feiertagen zu erbringen.
- Die fachliche Qualität und Kontrolle der Dienste sowie ein entsprechender Ausbaugrad sind sicherzustellen.

Mit Ausnahme von Vorarlberg und Wien (keine Zahlen erhältlich) werden in Österreich im Jahr 2010 rund 6.700 ambulante Pflege- und Betreuungspersonen benötigt werden. Gegenüber den Ausgangsjahren 1995/96/97 wird der Bedarf in sieben Bundesländern (ohne Wien und Vorarlberg) den Iststand in diesen Ländern um zumindest 3.500 Personen und damit um mehr als 100 Prozent übersteigen (vgl. ÖBIG, 1999, V).

Die größten Unterschiede zwischen Iststand und berechnetem Sollstand im Jahr 2010 sind in Niederösterreich (Zusatzbedarf an 1.300 ambulanten Pflege- und Betreuungspersonen), Oberösterreich (Zusatzbedarf an 530 Personen), der Steiermark (Zusatzbedarf an 580 Personen) und in Tirol (Zusatzbedarf an 710 Personen) ermittelt worden (vgl. ÖBIG, 1999, V).

4 Theoretische Grundlagen

Eine qualitative PatientInnenbefragung in der Hauskrankenpflege von Heimerl und Berlach-Pobitzer (2000, 102ff) zeigt wie wichtig die Erhaltung der Autonomie für alte Menschen ist.

Diese Studie befasst sich mit den Ängsten und Bedürfnissen alter Menschen unmittelbar nach einem Krankenhausaufenthalt. Ein zentrales Patientenbedürfnis in der Hauskrankenpflege ist dabei die Erhaltung der Autonomie.

Sich selbständig - oder mit Unterstützung - zu Hause versorgen zu können, schützt vor einem "ganz besonderen Übel", vor der Institutionalisierung . Stationär - in einer Institution - gepflegt zu werden, bedeutet - zumindest vorübergehend - einen weitgehenden Verzicht auf Autonomie und auf selbst getroffene Entscheidungen, wie zum Beispiel selbstgewähltes Essen (vgl. Heimerl/Berlach-Pobitzer, 2000, 139).

In dieser Studie wird von den Befragten die Ablehnung von institutionalisierter Pflege betont. Die Ablehnung betrifft nicht nur Institutionen der Langzeitpflege, sondern auch andere stationäre Versorgungsstrukturen wie Akutversorgung.

Im folgenden Punkt wird anhand der Darstellung von Goffman gezeigt, wo die Gefahren der totalen Institution liegen. Der Patient darf nicht einem Abhängigkeitsverhältnis ausgeliefert und somit der Autonomie beraubt werden.

Das Gefühl der Hilfllosigkeit in Heimen und Kliniken kann sogar zum vorzeitigen Tod führen, wie Untersuchungen von R. Schulz und D. Aderman (vgl. 1973, 157-162), zeigten.

4.1   Totale Institution nach Goffman

Goffman unternahm in den Jahren 1954 bis Ende 1957 eine Untersuchung am St. Elizabeths Hospital in Washington, D. C., einer Bundesanstalt mit über 7000 Insassen. Das unmittelbare Ziel der Feldarbeit war die Untersuchung des sozialen Milieus des Klinikinsassen, und zwar so, wie dieses Milieu von ihm subjektiv erlebt wird. Goffman meint, dass jede Gruppe von Menschen - Gefangene, Eingeborene, Piloten oder Patienten - ein eigenes Leben entwickelt, welches sinnvoll, vernünftig und normal erscheint, so bald man es aus der Nähe betrachtet, und dass die beste Möglichkeit, eine dieser Welten kennenzulernen, darin besteht, dass man sich im Zusammenleben mit den Mitgliedern den täglichen Zufällen aussetzt, die ihr Leben bestimmen.

Goffman verzichtete in dieser Untersuchung auf die üblichen quantitativen Methoden, da die statistische Absicherung einiger Aussagen so viel Zeit erfordert und ihn in seiner Rolle so festgelegt hätte, dass er beim Sammeln von Daten über die Struktur und das Gewebe des Lebens der Patienten behindert gewesen wäre. Goffman ermahnte sich in dieser Zeit immer wieder, die Klinik mit den Augen des Soziologen und nicht des Eleven der Psychiatrie zu betrachten.

Was versteht man unter einer "totalen Institution"?

Eine totale Institution lässt sich als Wohn- und Arbeitsstätte einer Vielzahl ähnlich gestellter Individuen definieren, die für längere Zeit von der übrigen Gesellschaft abgeschnitten sind und miteinander ein abgeschlossenes, formal reglementiertes Leben führen.

Beispiele für totale Institutionen sind:

- Gefängnisse
- (psychiatrische) Kliniken
- Klöster

Das Hauptaugenmerk wird bei dieser Arbeit auf die Welt der Insassen und nicht auf die Welt des Personals gerichtet. Insbesondere geht es darum, eine soziologische Darstellung der Struktur des Selbst zu entwickeln um die negativen Folgen (Verlernprozeß, Rollenverlust etc.) eines zu langen Aufenthaltes in der Anstalt vermeiden zu können.

Weiters untersuchte Goffman die primären Auswirkungen, welche die Vereinnahmung des Individuums durch die Institution auf die sozialen Beziehungen hat, die es besaß, bevor es zum Anstaltsinsassen wurde.

4.1.1 Merkmale totaler Institutionen

Soziale Einrichtungen - in der Alltagssprache Anstalten (institutions) genannt - sind Räume, Wohnungen, Gebäude oder Betriebe, in denen regelmäßig eine bestimmte Tätigkeit ausgeübt wird. Manche Institutionen gewähren jedem Eintritt, andere sind wählerisch bei der Auswahl ihrer Insassen. Einige Institutionen, wie Geschäfte oder Postämter, haben einen Stab von festen Mitarbeitern und ein dauernd wechselndes Publikum, andere, etwa Wohnhäuser und Fabriken, weisen eine geringere Fluktuation der Beteiligten auf und es gibt Institutionen die den sozialen Status des einzelnen bestimmen.

"Jede Institution nimmt einen Teil der Zeit und der Interessen ihrer Mitglieder in Anspruch und stellt für sie eine Art Welt für sich dar. Verschiedene Institutionen innerhalb der westlichen Zivilisation sind ungleich allumfassender als andere. Ihr *totaler* Charakter wird symbolisiert durch (Goffman, 1973):"

81

- Beschränkung des sozialen Verkehrs mit der Außenwelt
- verschlossene Tore
- hohe Mauern, Stacheldraht etc.
- Aufhebung der Trennung der Lebensbereiche (s. 4.1.1.1): schlafen, arbeiten, spielen
- bürokratische Organisation ganzer Gruppen von Menschen (s.4.1.1.2)

4.1.1.1 Zentrale Merkmale der totalen Institution

Die Schranken, die normalerweise die Lebensbereiche schlafen, arbeiten, spielen, voneinander trennen, sind aufgehoben:

1. Alle Angelegenheiten des Lebens finden an ein und *derselben Stelle* , unter ein und derselben Autorität statt.
2. Die Mitglieder der Institution führen alle Phasen ihrer täglichen Arbeit in unmittelbarer Gesellschaft von *"Schicksalsgenossen"* aus.
3. *Alle Phasen des Tages* sind exakt durch ein System expliziter *formaler Regeln* und durch einen Stab von Funktionären, geplant und vorgeschrieben.
4. Die verschiedenen erzwungenen Tätigkeiten werden in einem einzigen rationalen Plan vereinigt, der dazu dient, die offiziellen *Ziele der Institution* zu erreichen.
5. Abgeschlossenheit nach außen.

Dem könnte man entgegenhalten, dass auch das Leben von Hausfrauen oder Bauernfamilien in einem ähnlich abgegrenzten Bereich stattfindet, diese Personen sind jedoch nicht kollektiv organisiert und erledigen ihre täglichen Aktivitäten nicht in unmittelbarer Gesellschaft einer Gruppen von Schicksalsgefährten, es besteht im Prinzip eine Offenheit nach außen.

4.1.1.2 Folgen totaler Institutionen

Zentrales Faktum totaler Institutionen ist die Handhabung einer Reihe von menschlichen Bedürfnissen durch die *bürokratische Organisation ganzer Gruppen von Menschen*, daraus ergeben sich einige wichtige Folgen:

1. **Überwachung**: Wenn die Lebensbereiche schlafen, arbeiten, spielen nicht getrennt sind, können die darin lebenden Menschen durch das Personal überwacht werden.

2. **Fundamentale Trennung** zwischen einer großen, gemanagten Gruppe, treffend "Insassen" genannt, und einer kleineren Gruppe, dem Aufsichtspersonal.

3. Die **soziale Mobilität** zwischen den beiden Schichten ist sehr gering. Hier muß kritisch angemerkt werden, dass dieser Punkt zwar zwischen Gefangenen und Wächtern, Geisteskranken und Pflegern nicht aber für eine "normale" Klinik Gültigkeit besitzt, hier kann ein Arzt durchaus Klinikinsasse werden und danach wieder als Arzt arbeiten.

4. **Vorenthalten von Informationen**: Es ist typisch, dass der Insasse von den Entscheidungen, die sein Geschick betreffen, keine Kenntnisse erhält. Das führt zur Distanz und Kontrolle über die Insassen. Beschränkungen des Kontaktes tragen vermutlich dazu bei, die antagonistischen Stereotypen aufrechtzuerhalten.

5. **Langeweile**: da der Insasse oft weder eine Freizeitbeschäftigung noch eine Arbeit in der Anstalt hat.

6. **Entfremdung des Selbstwertgefühles**: Alle Bedürfnisse werden durch die Institution organisiert. In manchen Institutionen wird die gesamte Zeit der Insassen nach Gutdünken des Stabes verplant (Royal Air Force vgl. Goffman, 21).

7. **Leben in der Gruppe als Gegenteil des Familienlebens**: Mitglieder des Stabes bleiben in der Außenwelt integriert, da sie außerhalb der Anstalt, bei ihren Familien, wohnen, die Insassen werden in vielen totalen Institutionen von der Außenwelt abgeschnitten.

8. **Ungleiche Machtverteilung**: Der Insasse ist in der Regel machtlos. Selbst der Patient, der nur kurz hospitalisiert wird, ist zu mindestens der Wissensmacht der Ärzte ausgeliefert.

9. **Totale Institutionen sind soziale Zwitter**: einerseits Wohn- und Lebensgemeinschaft, andererseits formale Organisation. Die Unvereinbarkeit dieser beiden Formen gesellschaftlicher Organisation lehrt uns, deren weiterreichende soziale Funktion zu verstehen.

Die Folgen totaler Institutionen sind vor allem im Krankenhausbereich unerwünscht. Aus diesem Grund werden in der Folge (4.1.5) Maßnahmen erstellt, welche verhindern, dass das Krankenhaus zur totalen Institution wird.

Exkurs:
Betrachtet man allerdings § 20 StVG (Strafvollzuggesetz), welcher den Zweck des Strafvollzuges erklärt, so gewinnt man den Eindruck, dass man hier, gegen alle Regeln der Vernunft, durch eine totale Institution, beabsichtigt einen positiven Einfluß auf die Persönlichkeit des Insassen zu erzielen.

> *§20(2)StVG ...sind die Strafgefangenen... von der Außenwelt abzuschließen, sonstigen Beschränkungen ihrer Lebensführung zu unterwerfen und erzieherisch zu beeinflussen.*

Durch eine Beschränkung des Selbst wird nur ein angepasster Mensch in der Institution "erzeugt", sobald dieser Mensch außerhalb der Institution leben muß, wird er gesellschaftlich versagen, da nun die Folgen eintreten (Rollenverlust, "bürgerlicher

Tod" und Stigmatisierung etc.), welche ein "normales" Leben nahezu unmöglich machen.

4.1.2 "Die totalen Institutionen unserer Gesellschaft lassen sich grob in 5 "Gruppen" zusammenfassen (Goffman, 1973):"

Erstens gibt es Anstalten die zur *Fürsorge von Menschen* eingerichtet wurden, die als unselbständig und harmlos gelten; hierzu gehören:

- Blinden- und Altersheime
- Waisenhäuser
- Kliniken

Zweitens gibt es Orte, die der Fürsorge für Personen dienen, von denen angenommen wird, dass sie unfähig sind, für sich selbst zu sorgen, und dass sie eine - wenn auch unbeabsichtigte - Bedrohung der Gemeinschaft darstellen. Hierzu zählen:

- Tuberkulose (und andere ansteckende Krankheiten) Sanatorien
- Irrenhäuser

Ein **dritter** Typ von totalen Institutionen dient dem Schutz der Gemeinschaft vor Gefahren, die man für beabsichtigt hält, wobei das Wohlergehen der auf diese Weise abgesonderten Personen nicht unmittelbarer Zweck ist:

- Gefängnisse
- Kriegsgefangenenlager

Hierbei muß nochmals das StVG erwähnt werden. In Österreich hat sich der Zweck des Strafvollzuges geändert, nicht aber der dazugehörige Paragraph (§20 StVG).

Wollte man einst den Täter "nur" bestrafen, so will man ihn heute erziehen und resozialisieren, ohne die Bedingungen wesentlich geändert zu haben.

Viertens gibt es Institutionen, die angeblich darauf abzielen, bestimmte Aufgaben besser durchführen zu können:

- Kasernen
- Schiffe
- Internate
- Arbeitslager

Fünftens finden wir jene Einrichtungen, die als Zufluchtsort vor der Welt dienen, auch wenn sie zugleich religiöse Ausbildungsstätten sind:

- Abteien
- Klöster
- Konvente

Eine solche Klassifikation der totalen Institutionen ist nicht erschöpfend, sie bildet aber einen Ausgangspunkt für weitere Überlegungen.

Es ergibt sich ein begriffliches Problem, denn keines der beschriebenen Elemente findet sich ausschließlich in totalen Institutionen, und keines ist allen gemeinsam. Bezeichnend für totale Institutionen ist, dass sie alle einen beträchtlichen Anteil dieser Gruppe von Attributen aufweisen. Es ist möglich, von der Methode der Idealtypen Gebrauch zu machen und gemeinsame Züge festzustellen. In der Folge (4.1.5) wird ein Maßnahmenkatalog entwickelt, welcher die negativen Folgen eines zu langen Krankenhausaufenthaltes vermeiden hilft.

4.1.3 Die Welt der Insassen

Insassen pflegen mit einer bestimmten, durch heimische Umgebung geprägten, Kultur in die Institution zu kommen - einer Lebensform und einem Kreislauf von

Tätigkeiten, die zum Zeitpunkt des Eintritts in die Anstalt als gesichert angesehen werden. Durch die Institution tritt ein kultureller Wechsel ein, bestimmte Verhaltensmöglichkeiten werden verwehrt und es besteht keine Möglichkeit, mit den letzten, in der Außenwelt stattgefundenen sozialen Veränderungen Schritt zu halten. Wir haben es hierbei allerdings mit etwas Beschränkterem als Akkulturation oder Assimilation zu tun.

Exkurs:

Akkulturation bezeichnet die Kulturübernahme von Individuen oder Gruppen. Es werden *Elemente einer fremden Kultur übernommen* zB. Werte, Normen, Ideen, Wörter. Durch Akkulturation wird die zuvor als "natürlich" und selbstvertändlich erlebte eigene Kultur relativiert und verunsichert (vgl. Hillmann, 1994).

Unter **Assimilation** versteht man die *Angleichung von Bewusstsein*, Chancen, Wertorientierungen etc. von Individuen oder Gruppen an andere, aufnehmende Gesellschaften (vgl. Zapotoczky, 1994,192). Assimilation ist umfassender wirksam als Akkulturation.

Dauert der Aufenthalt des Insassen lange an, kann das eintreten, was Diskulturation genannt wurde - d. h. ein **"Verlern-Prozeß"**, der den Betreffenden zeitweilig unfähig macht, mit bestimmten Gegebenheiten der Außenwelt fertig zu werden, wenn und falls er hinausgelangt.

Dieser Verlern-Prozeß ist auch bei längerer Hospitalisierung zu beachten, es besteht die Gefahr, dass vor allem ältere Patienten schnell verlernen, für sich selbst zu sorgen. Werden sie dann entlassen, kommt zusätzlich zur Multimorbidität noch die Unfähigkeit zur Selbstversorgung hinzu, daher muß an dieser Stelle sowohl auf die optimale Entlassungsvorbereitung als auch auf eine nicht zu lange Hospitalisierung aufmerksam gemacht werden: Der "Insasse" soll nicht in das Dilemma des Verlern-Prozesses gelangen.

Der Insasse einer totalen Institution durchläuft oft eine Reihe von Erniedrigungen, Degradierungen, Demütigungen und Entwürdigungen seines Ichs, auch dann, wenn die Demütigung unbeabsichtigt stattfindet, z. B. wenn ein Patient in einem Mehrbettzimmer die Leibschüssel etc. verwenden muß.

4.1.3.1 Wodurch wird in der totalen Institution das Selbst beschränkt?

1. **Rollenverlust:** Im bürgerlichen Leben garantiert (im Idealfall) die planmäßige Reihenfolge der Rollen eines Individuums, die sowohl im Lebenskreis als auch in der Wiederholung des täglichen Kreislaufs stattfindet, dass keine der Rollen, die er spielt, seine Leistungen und seine Bindungen in einer anderen Rolle beeinträchtigt. In einer totalten Institution ist das nicht möglich und ein Rollenkonflikt ist unumgänglich.

2. **Besuche:** In vielen totalen Institutionen wird das Privileg, Besuch zu empfangen oder außerhalb der Anstalt Besuche zu machen, von vornherein untersagt oder eingeschränkt, wodurch bei einem längeren Aufenthalt ein tiefer Bruch mit den früheren Rollen und in der Folge ein Rollenverlust eintritt.

3. **Befreiung von wirtschaftlicher und sozialer Verantwortung:** Der Aufenthalt in einer Anstalt hat sowohl einen befreienden, als auch einen desorganisierenden Effekt.

4. **"bürgerlicher Tod":** Wenn der Insasse in die Außenwelt zurückkehrt, kann er einige Rollen reetablieren, andere Verluste sind unwiderruflich und somit eine schmerzhafte Erfahrung. Manchmal ist es unmöglich die Zeit nachzuholen, die nicht der Ausbildung, dem beruflichen Fortkommen, Familiengründung etc. gewidmet werden konnte.

5. **unbeabsichtigte Demütigung:** Entkleiden und Baden vor fremden Menschen, Anstaltskleidung, Zuweisung von Schlafplätzen etc. stellen für viele Insassen eine Demütigung dar. Dadurch wird der Neuankömmling zu einem Objekt geformt, das

in die Verwaltungsmaschinerie der Anstalt eingefüttert und reibungslos durch Routinemaßnahmen gehandhabt werden kann.

6. **Verlust des Namens:** kann eine erhebliche Verstümmelung des Selbst darstellen (vor allem, wenn der Insasse über einen längeren Zeitraum hinweg "keinen Namen hat"). Bei der Visite in Krankenhäusern kann dies beobachtet werden, dass der Patient von den Ärzten einfach als "der Magendurchbruch" etc. bezeichnet wird.

7. **Unkontrolliertes Erscheinungsbild:** Der einzelne kann normalerweise entscheiden, in welcher Gestalt er vor anderen erscheinen will. Zu diesem Zweck benötigt er sowohl kosmetische Artikel und Kleidung etc. kurz, der einzelne braucht eine Art "Identitäts-Ausrüstung" zur Aufrechterhaltung seiner persönlichen Fassade. Der Insasse kann nicht verhindern, dass Fremde oder Bekannte ihn in demütigenden Umständen zu Gesicht bekommen.

8. **Verstümmelung des Selbst über den Körper:** "Schocktherapien" oder Schläge führen zu einem Verlust des Gefühls der persönlichen Sicherheit, wobei Schläge in österreichischen Gefängnissen formell nicht vorkommen und Schocktherapien auf den psychiatrischen Bereich beschränkt sind.

9. **Informationsvorbehalt wird verletzt:** Fakten über den sozialen Status, die Vergangenheit und körperliche Leiden, die seine Person betreffen, muß der Insasse ihm bisher unbekannten Zuhörern offenbaren. Verstärkt wird diese Verletzung dadurch, wenn nicht nur Stabspersonal, sondern auch andere Insassen davon Zeuge werden.

Eine sich weniger direkt auswirkende Ursache von Demütigungen , deren Bedeutung für das Individuum schwerer zu ermessen ist, ist die **Zerstörung des formellen Verhältnisses** zwischen dem handelnden Individuum und seinen Handlungen und soll nun betrachtet werden.

4.1.3.2   Zerstörung des formellen Verhältnisses zwischen dem handelnden
Individuum und seinen Handlungen

1. **Looping** (Rückkoppelung im Regelkreis): Das Personal der Anstalt ruft beim
   Insassen eine Abwehrreaktion hervor und richtet dann seinen nächsten Angriff
   gerade gegen diese Reaktion. Die Schutzreaktion des Individuums gegenüber
   einem Angriff auf sein Selbst bricht zusammen, da es sich nicht dadurch zur
   Wehr setzen kann, dass es sich aus der demütigenden Situation entfernt. In der
   bürgerlichen Gesellschaft kann der einzelne sein Gesicht dadurch wahren, dass
   er Verstimmung zeigt, Ehrfurchtsbezeugungen unterlässt oder mit Ironie oder
   Spott reagiert.

2. **keine Trennung der Zeugen und der Rollen**: Das Verhalten eines Insassen
   kann ihm vom Personal in Form von Kritik und Überprüfung seines Verhaltens in
   einem anderen Kontext vorgeworfen werden, zB. kann die Bemühung eines
   Insassen, sich bei einer Therapiesitzung angepasst zu zeigen, vereitelt werden,
   indem man ihm bittere Bemerkungen in einem Brief an einen Verwandten oder
   Apathie in der Freizeit, nachweist.

3. **alle Aktivitäten werden reguliert und beurteilt**: Außerhalb der Anstalt, steht die
   Richtigkeit des Handelns eines Erwachsenen nur in bestimmten Augenblicken zur
   Diskussion. Somit kann eine persönliche Ökonomie des Handelns eingehalten
   werden zB., wenn jemand seine Mahlzeit ein paar Minuten aufschiebt, um eine
   Arbeit zu vollenden. In der totalen Institution werden alle Aktivitäten des Insassen
   vom Personal reguliert, beurteilt und sanktioniert. Der Insasse kann sich dem
   Druck des ihn beurteilenden Personals nicht entziehen.

4. **gestaffelte Autorität**: Jedes Mitglied der Personal-Klasse ist berechtigt, jedes
   Mitglied der Insassen-Klasse zu disziplinieren. Wo eine gestaffelte Autorität und
   diffuse, ungewohnte und strikt überwachte Vorschriften vorhanden sind, lebt der
   Insasse in permanenter Angst vor einer Übertretung der Regeln und vor den

Folgen. Der Autonomieverlust verzögert den Genesungsprozeß (vgl. 4.3).

5. **Verlust der Kontrolle**: Selbstbestimmung, Autonomie und Handlungsfreiheit eines Erwachsenen haben die Funktion, dem Handelnden und seiner Umgebung zu bestätigen, dass er seine Welt einigermaßen unter Kontrolle hat. Die totale Institution unterbindet oder entwertet diese Handlungen. Zu den äußeren Zeichen der Selbstbestimmung gehört ein gewisser Spielraum selbst gewählten Ausdrucksverhaltens - sei es in Form von Ablehnung, Zuneigung oder Gleichgültigkeit. Dem kann z. B. durch einfache Wahlmöglichkeiten, zB. im Krankenhaus durch das Anbieten verschiedener Mittagsmenüs entsprochen werden.

Eine Methoden die Trennung zu überwinden wäre die Erhaltung der Autonomie (auch im Krankenhaus). So müsste nicht die Nachtschwester, bevor sie früh morgens nach Hause geht, noch bei den Patienten das Fieber messen und diese damit unnötig früh wecken, sondern könnte diese Aufgabe durchaus später erledigt werden.

6. **Fehlen von körperlichen Annehmlichkeiten**: wie zB. ein weiches Bett oder die Nachtruhe gehen beim Eintritt in die Institution verloren. Auch im Verlust dieser Bequemlichkeiten kann sich der Verlust der Selbstbestimmung widerspiegeln. Bei einem längeren Krankenhausaufenthalt sollte auf diese körperlichen Annehmlichkeiten mehr Rücksicht genommen werden.

4.1.3.3   Das Privilegiensystem

Wurde das bürgerliche Selbst durch zB. Entkleidungsprozesse erschüttert (Demütigungsprozeß), so bietet das Privilegiensystem einen Rahmen für die persönliche Reorganisation. Es sind drei grundlegende Elemente dieses Systems zu erwähnen.

1. **Die Hausordnung**: Eine Sammlung von Vorschriften und Verordnungen, die die wesentlichen Anforderungen an den Insassen festlegen.

2. **Belohnungen oder Privilegien**: als Gegenleistung für den Gehorsam gegenüber dem Stab - im Handeln wie im Denken - vorgesehen. Diese Vergünstigungen stellen lediglich Teile der Rechte und Vergünstigungen dar, die der Insasse früher für gesichert hielt. "Draußen" konnte der Insasse selbst entscheiden, wie er zB. seinen Kaffee trinken will, ob er sich eine Zigarette anstecken will, wann er sprechen oder schlafen will. "Drinnen" können diese Rechte fraglich werden. Die um diese kleinen Privilegien herum aufgebaute Welt ist das wichtigste Merkmal der Insassen-Kultur.

3. **Strafen**: Zum Teil bestehen Strafen aus dem zeitweiligen oder dauernden Entzug von Privilegien.

Strafen und Privilegien sind für totale Institutionen typisch. Strafen kennt der Insasse von zu Hause nur als etwas, das Tieren und Kindern zukommt; dieses behavioristische Konditionierungsmodell wird im allgemeinen nicht auf Erwachsene angewandt, da eine mangelhafte Erfüllung der Normen gewöhnlich zu indirekten nachteiligen Folgen, und keineswegs zu einer spezifischen, unmittelbaren Bestrafung führt. In einer totalen Institution sind Privilegien, nicht dasselbe wie Vergütungen, Vergünstigungen oder Werte, sondern lediglich die Abwesenheit von Entbehrungen, die man normalerweise nicht ertragen muß.

4.1.3.4 Formen der Anpassung

Das Privilegiensystem und die oben erwähnten Demütigungsprozesse stellen Bedingungen dar, an die der Insasse einer totalen Institution sich anpassen muß.

1. **Rückzug aus der Situation**: Der Insasse zeigt für nichts mehr Interesse. Dieser Abbruch der Beteiligung an Interaktionsprozessen ist in psychiatrischen Kliniken bekannt unter "Regression". "Knastpsychose" und Stumpfsinn repräsentieren die

gleiche Form der Anpassung, ebenso die aus Konzentrationslagern bekannten Formen der "akuten Depersonalisierung". Diese Art der Anpassung ist oft irreversibel!

2. **Kompromißloser Standpunkt:** Der Insasse bedroht die Institution absichtlich, indem er offenkundig die Zusammenarbeit mit dem Personal verweigert. Der kompromißlose Standpunkt ist normalerweise eine temporäre, anfängliche Reaktionsphase und der Insasse weicht später auf eine andere Form der Anpassung aus.

3. **Kolonisierung:** Der Insasse nimmt den Ausschnitt der Außenwelt, den die Anstalt anbietet, für die ganze, und aus den maximalen Befriedigungen, die in der Anstalt erreichbar sind, wird eine stabile, relativ zufriedene Existenz aufgebaut.

4. **Konversion:** Der Insasse macht sich das amtliche Urteil über seine Person zu eigen und versucht die Rolle des perfekten Insassen zu spielen. Während der kolonisierte Insasse sich, so gut es geht, unter Einsatz der beschränkten Möglichkeiten ein freies Gemeinschaftsleben aufzubauen sucht, ist die Haltung des Konvertiten eher diszipliniert, moralistisch und monochrom, wobei er sich als einen Menschen darzustellen sucht, mit dessen Begeisterung für die Anstalt das Personal allezeit rechnen kann.

Jede dieser Strategien der Anpassung bietet eine Möglichkeit, mit den Spannungen zwischen dem Leben in der heimischen Umgebung und dem Leben in der Anstalt fertig zu werden.

4.1.4 Entlassung des Insassen

Obwohl die Insassen den Tag der Entlassung herbeisehnen, ist die Entlassung für diejenigen, denen sie unmittelbar bevorsteht, ein beunruhigender Gedanke. Die Angst der Insassen vor der Entlassung formuliert sich oft in die Frage:

"Werde ich es draußen schaffen?"

Diese Frage ist abhängig von der Art der Anstalt und tritt erst nach einem längeren Aufenthalt auf zB., bei alten Menschen nach einem langen Krankenhausaufenthalt. Sie haben Angst nicht mehr für sich sorgen zu können.

4.1.4.1 Angst vor der Entlassung

Sind die Bedingungen draußen nicht optimal, stellt das eine Quelle der Unsicherheit dar. Diese Aussicht ist demoralisierend und sie ist einer der Gründe, warum ehemalige Insassen häufig daran denken, "wieder rein zu gehen", und dies auch häufig tun. Bei Kliniken ist das unter dem Begriff "Drehtüreffekt" bekannt. Findet keine optimale Vernetzung zwischen stationärem und ambulantem Bereich statt, kehrt vor allem der alte, kranke Mensch schon nach kurzer Zeit wieder ins Krankenhaus zurück und verursacht hohe Kosten, die durch eine optimale Entlassungsvorbereitung vermieden werden können.

Eine Erklärung für die Angst vor der Entlassung ist, dass das Individuum nicht gewillt oder zu krank ist, um wieder die Verantwortung zu übernehmen, von der die totale Institution es befreit hat.

4.1.4.2 Stigmatisierung

Mit dem Eintritt in die totale Institution gewinnt der Neuling häufig einen proaktiven Status. Seine soziale Stellung innerhalb der Mauern unterscheidet sich nicht nur radikal von der, die er draußen innehatte, sondern wenn er hinauskommt, wird er auch feststellen, dass seine soziale Stellung nie mehr das sein wird, was sie vor seinem Eintritt war. Wo der proaktive Status günstig ist, wie zB. bei Absolventen von Offiziersschulen, Eliteinternaten usw. findet ebenso eine Veränderung des Status statt. Ist der proaktive Status ungünstig, wie im Falle derer, die aus Gefängnissen oder Heilanstalten entlassen werden, dann kann man von *Stigmatisierung* sprechen. Um dieser Stigmatisierung nach langen Krankenhausaufenthalten entgegen zu wirken, muß eine sorgfältige Entlassungsvorbereitung stattfinden (vgl. 5.2.3).

4.1.5 Institution Krankenhaus eine totale Institution? Entwicklung von Gegenmaßnahmen

Das Modell von Goffman hat die Merkmale und negativen Folgen der totalen Institution gezeigt und soll dazu herangezogen werden, geeignete Maßnahmen zu entwickeln, damit die Institution Krankenhaus nicht zur totalen Institution wird.

Die Institution Krankenhaus kann zwar in der Regel nicht als totale Institution bezeichnet werden, einige der **Merkmale** totaler Institutionen treffen aber zu:

- Aufhebung der Trennung der Lebensbereiche (s. 4.1.1.1): schlafen, arbeiten, spielen
- bürokratische Organisation ganzer Gruppen von Menschen (s. 4.1.1.2)
- Beschränkung des sozialen Verkehrs mit der Außenwelt (geregelte Besuchszeiten)
- verschlossene Tore: Patienten dürfen das Krankenhausareal nicht verlassen

Diese Punkte, welche die negativen Konsequenzen der totalen Institution nach sich ziehen, können vermieden werden, wenn der extramurale Bereich anstatt des intramuralen Bereiches forciert wird. Dazu sind ein Ausbau und eine optimale Vernetzung dieser zwei Bereiche Grundvoraussetzungen, derzeit unter dem Begriff "case-management" bekannt.

Bei Fällen, wo eine Einweisung ins KH angebracht ist, muß darauf geachtet werden, dass die **Folgen totaler Institution** vermieden werden. Insbesondere muß folgenden Aspekten wirksam begegnet werden:

- Informationsmangel: Information darf nicht vorenthalten werden
- Langeweile soll vermieden werden
- Entfremdung des Selbstwertgefühls - Autonomieverlust
- Ungleiche Machtverteilung zwischen Personal und Patient kann durch patientenorientierte Prozesse reduziert werden
- Verlern-Prozeß: dauert der Aufenthalt zu lange an, kann eine Diskulturation eintreten, der Betreffende wird mit den Gegebenheiten der Außenwelt nicht mehr fertig.

Das Krankenhaus kann ebenso wie die totale Institution zur **Beschränkung des Selbst** (vgl. 4.1.3.1) führen, das muß vermieden werden, indem man den nachfolgenden Maßnahmenkatalog beherzt.

Maßnahmenkatalog

1. die negativen Konsequenzen der (totalen) Institution, können vermieden werden, wenn der **extramurale Bereich anstatt des intramuralen Bereiches forciert** wird. Dazu sind ein Ausbau des extramuralen Bereiches und eine optimale Vernetzung beider Bereiche Grundvoraussetzungen. Goffman zeigt in seinem Modell, je kürzer der Aufenthalt in der (totalen) Institution, desto geringer die Gefahr der Diskulturation (Verlern-Prozeß).

2. In Fällen, in denen die Hospitalisierung notwendig ist, muß darauf geachtet werden, dass die **Folgen totaler Institutionen** vermieden werden:

   - für den Laien verständlich informieren versus Vorenthalten von Informationen,
   - Beschäftigungen; Patienten mithelfen lassen, wenn erwünscht und möglich versus Langeweile,
   - Erhalt der Autonomie versus Entfremdung des Selbstwertgefühls,
   - Verantwortung erhalten versus Verlern-Prozeß,
   - Handlungsspielraum versus Überwachung

3. **Beschränkung des Selbst** (unbeabsichtigte Demütigung, Verlust des Namens, unkontrolliertes Erscheinungsbild, Informationsvorbehalt wird verletzt), muß ebenfalls vermieden werden.

Resümierend kann festgehalten werden, dass Goffman's Modell heute - rund 40 Jahre später- noch von großer Bedeutung ist und als Argumentationsbasis für den Ausbau des extramuralen Bereiches und die optimale Vernetzung zwischen stationärem und ambulantem Bereich, zweckdienlich sein kann, indem die negativen Folgen eines zu langen Krankenhausaufenthaltes erkennt und vermeidet. Wie wichtig der Erhalt der Autonomie für den Genesungsprozeß ist wird in der Folge (4.3) verdeutlicht.

4.2 Erlernte Hilflosigkeit (in Heimen und Kliniken) nach Seligman

Institutionen berücksichtigen viel zu wenig die Bedürfnisse ihrer "Insassen" nach Kontrolle über wichtige Lebensumstände. Der Arzt weiß alles und sagt im allgemeinen wenig, vom Patienten wird erwartet, dass er sich "geduldig" zurücklehnt und auf die professionelle Hilfe vertraut. Von manchen Patienten wird eine Situation der extremen Abhängigkeit nicht als unangenehm empfunden. Bei anderen Patienten konnte von Seligman durch das Gefühl der Hilflosigkeit eine erhöhte Anfälligkeit für Krankheitserreger - teils auch tödliche Krankheitserreger - beobachtet werden.

4.2.1 Hilflosigkeit im Zusammenhang mit Depressionen

Hilflosigkeit ist auch an Depressionen gebunden und Depressionen verzögern die Genesung bei verschiedenen Infektionskrankheiten. Seligman teilte an 600 Angestellte des Bodenpersonals der Luftwaffe einen Persönlichkeitsfragebogen aus. Einige Monate später brach in dieser Region eine Grippeepidemie aus. 26 der Getesteten erkrankten an Grippe; von diesen zeigten zwölf drei Wochen später immer noch Symptome. Diese Personen waren bei der Persönlichkeitsbefragung sechs Monate zuvor bei den signifikant stärker depressiv gewesen.

4.2.2 Hilflosigkeit im Zusammenhang mit Genesungsverzögerung

In eine Klinik eingeliefert zu werden und dann der Kontrolle über selbst einfache Dinge beraubt zu werden - z. B. wann man geweckt wird, was man isst, - mag einem effizienten Arbeitsablauf in der Klinik förderlich sein, beschleunigt aber nicht die Genesung. Dieser Verlust an Kontrolle kann einen organisch kranken Menschen weiter schwächen und sogar seinen Tod verursachen (vgl. Seligman, 1979, 172)

4.2.3 Hilflosigkeit im Zusammenhang mit Herzanfällen

Eine Untersuchung von D.S: Krantz und seinen Mitarbeitern (vgl. Seligman 1979, 171) zeigte den Zusammenhang von Anfälligkeit für Herzanfälle bei Hilflosigkeit. Die Versuchspersonen wurden in verschiedene Verhaltenstypen eingeteilt. Der Verhaltenstyp A war gekennzeichnet durch: Ehrgeiz, Ungeduld, Wettbewerbsorientiertheit und Zwangshaftigkeit.

Die Versuchspersonen wurden vermeidbarem oder unvermeidbarem Lärm unterschiedlicher Intensität (mittel oder laut) ausgesetzt. Das Ergebnis ist interessant die Versuchspersonen vom Verhaltenstyp A schnitten besser ab als die anderen Versuchspersonen, wenn das unvermeidbare Geräusch von *mittlerer* Lautstärke war. Wenn aber das unvermeidbare Geräusch sehr *laut* wurde, reagierten diese Studenten noch hilfloser als normale Versuchspersonen.

Die Verbindung von Verhaltenstyp A und Hilflosigkeit unter starkem Streß ist eine tödliche Kombination. Patienten, die ehrgeizig, ungeduldig und wettbewerbsorientiert sind, benötigen den Erhalt der Autonomie. Fühlen sie sich während ihres Krankenhausaufenthaltes hilflos, verzögert das ihren Genesungsprozeß und kann sogar zum vorzeitigen Tod führen.

4.2.4 Hilflosigkeit im Zusammenhang mit Tod

Schulz und Aderman (1974) verglichen zwei Gruppen von Patienten, die an Krebs im Endstadium litten, und parallelisierten sie nach dem Schweregrad der Krankheit. Alle Patienten waren kurz zuvor auf die Intensivstation verlegt worden. Eine Gruppe war aus anderen Kliniken gekommen, während die Patienten der anderen Gruppe direkt von zu Hause kamen. Die Patienten, die von zu Hause kamen, starben früher. Die Autoren nehmen an, dass der plötzliche Bruch in ihrem Lebensrhythmus und der Verlust von Kontrolle, der mit dem Verlassen ihres Hauses eintrat, Hilflosigkeit verursachte und zum schnelleren Tod beitrug (vgl. Seligman, 1979, 172).

Eine weitere Untersuchung beschäftigte sich mit dem Gefühl der Hoffnungslosigkeit und der Entwicklung von Karzinomen (vgl. Seligman, 1979, 170f). Bei 51 Frauen, die sich regelmäßig Krebsvorsorgeuntersuchungen unterzogen und bei denen "verdächtige" Zellen im Gebärmutterhals festgestellt worden waren, die nicht als bösartig diagnostiziert wurden, konnte bei einer ausführlichen Befragung festgestellt werden, dass 18 der Befragten 51 Frauen in den vergangenen sechs Monaten ein einschneidendes Gefühl der Hoffnungslosigkeit erlebt hatten. 11 von den 18 PatientInnen, die Hoffnungslosigkeit erlebt hatten, bekamen später Krebs. Von den übrigen 33 Patientinnen erkrankten nur acht an Krebs.

Seligman zeigt, dass sowohl der Mensch als auch das Tier Tod durch Hilflosigkeit erleiden können. Im Verlauf eines solchen Sterbens verliert das Individuum Kontrolle über Dinge, die für es bedeutsam sind. Auf Verhaltensebene reagiert es mit Depression, Passivität und Unterwerfung. Subjektiv fühlt es sich hilflos und hoffnungslos. In der Folge tritt unerwarteter Tod ein.

Insassen von Institutionen wie Krankenhäusern, Altersheime etc. sollten ein Maximum an Kontrolle über Bereiche ihres täglichen Lebens erhalten, z. B. - beim Essen die Wahl zwischen verschiedenen Menüs (wurde in vielen Krankenhäusern bereits realisiert), den Zeitpunkt des Aufstehens bzw. des Zubettgehens etc.

Um dieses Gefühl der Hilflosigkeit zu vermeiden oder in einem erträglichen Ausmaß zu halten, ist neben den soeben genannten Verbesserungsmöglichkeiten zur Erhaltung von Autonomie eine möglichst frühzeitige Entlassung aus dem stationären Bereich in die "eigenen vier Wände" anzustreben. Die Folgen der Hilflosigkeit sind nämlich dann besonders eklatant, wenn sie über einen längeren Zeitraum ertragen werden müssen.

4.2.5 Hilflosigkeit im Zusammenhang mit der Einlieferung in Altersheime

Wenn ein Mensch oder ein Tier mit seinen Körperkräften am Ende ist, geschwächt durch Krankheiten, kann ein Gefühl von Kontrolle das Zünglein an der Waage zwischen Leben und Tod bedeuten. Eine Arbeit (vgl. Seligman, 1979,175) beschäftigte sich mit den wahrgenommenen Entscheidungsfreiheiten in einem Altersheim. 55 Frauen über 65 (Durchschnittsalter 82 Jahre) hatten sich für die Aufnahme in ein Altersheim im mittleren Westen der USA beworben. Die Frauen wurden befragt, ob sie freiwillig in das Altersheim gingen, wieviele andere Möglichkeiten sie gehabt hätten, wieviel Druck ihre Verwandten auf sie ausgeübt hätten, in das Heim zu ziehen. Von den 17 Frauen, die aussagten, dass sie keine andere Alternative gehabt hätten als in dieses Heim zu ziehen, starben acht nach vier Wochen ihres Aufenthaltes, nach zehn Wochen waren von den 17 Frauen 16 gestorben. Das Heimpersonal bezeichnete diese Todesfälle als "unerwartet". Die Todesfälle waren also nicht auf einen schlechten Gesundheitszustand bei der Einlieferung zurückzuführen. Interessant ist, dass von 38 Frauen, die eine Alternative zum Altersheim gesehen hatten, in diesem Zeitraum nur eine Frau starb. Eine andere Stichprobe von 40 Frauen bewarb sich zwar um die Aufnahme, starb aber bereits vor ihrem Einzug. Von den 22 Frauen, deren Familien den Aufnahmeantrag gestellt hatten, starben 19 innerhalb eines Monats, nachdem sie die Zusage erhalten hatten. Im Vergleich dazu, war die Sterblichkeit bei jenen 18 Frauen, die sich selbst beworben hatten, wesentlich niedriger, es starben nur vier bis zum Ende des ersten Monats.

Es ist möglich, dass bei diesen Ergebnissen die unterschiedlichen körperlichen Gesundheitszustände eine Rolle spielten - je kränker man ist, desto eher werden die Angehörigen versuchen, einen "abzuschieben". Trotz mancher methodischen Schwäche dieser Untersuchungen dürfen diese Ergebnisse nicht bagatellisiert werden, denn sie zeigen die tödliche Auswirkung von Hilflosigkeit auf alte Menschen. Die Reaktionen auf diese Ergebnisse sollten wie folgt sein:

- pflegebedürftigen Menschen Alternativen (extramurale Pflege zu Hause oder Pflegeheim etc.) anbieten,
- Ausbau der Kurzzeitpflege in Altenheimen, sodass sie eine Aussicht haben, wieder nach Hause zurückzukehren,
- Angehörige unterstützen (medizinsch, psychologisch, finanziell), damit sie die Strapazen der Pflege von Angehörigen zu Hause auf sich nehmen

- möglichst kurze Verweildauer in Institutionen wie Alten- und Pflegeheimen, Krankenhäusern,
- discharge-management bei der Entlassung aus Krankenhäusern, damit die pflegenden Angehörigen nicht überfordert sind und dadurch den alten Menschen, als Reaktion der Überforderung, in ein Alten- bzw. Pflegeheim "abschieben".
- gut koordinierte Systeme schaffen.

Die Theorie von Seligman zeigt, welche fatalen Folgen die Hilflosigkeit in Institutionen auf deren Insassen hat, daher gilt es die Autonomie der Patienten zu erhalten, wo immer es möglich ist. Eine möglichst rasche Entlassung aus diesen Institutionen ist nur dann effizient, wenn eine optimale extramurale Versorgung gegeben ist.

4.3 *"Stärken-Autonomie-Spirale " versus "Abhängigkeits-Spirale " nach Schöppl als Konsequenz der theoretischen Ansätze von Goffman und Seligman*

Stärken-Autonomie-Spirale nach Schöppl

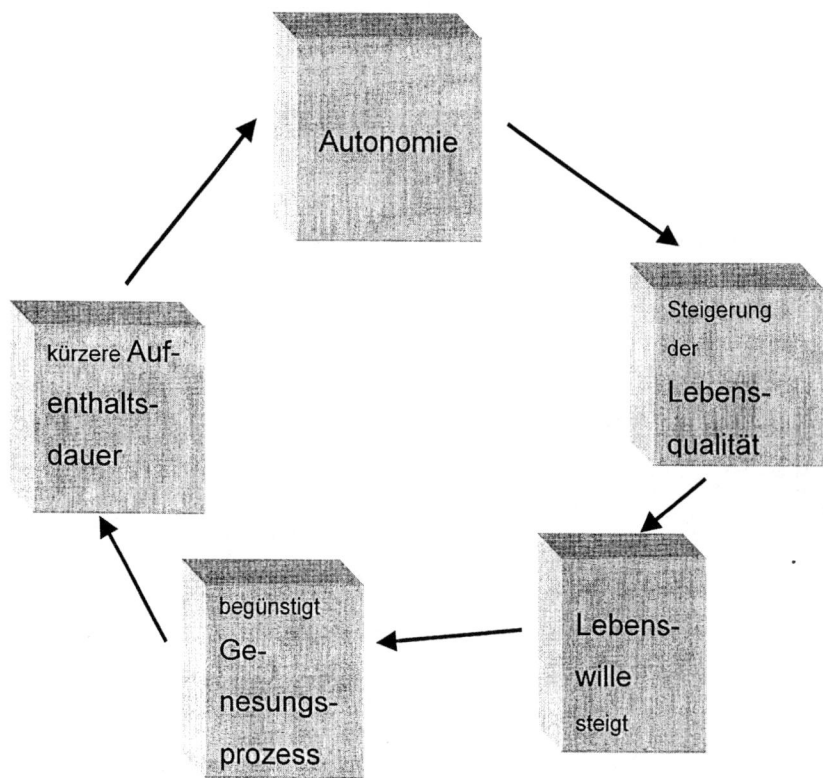

Patienten, die ihre Autonomie erhalten können, empfinden mehr Lebensqualität als jene, die sich ausgeliefert fühlen. Die beste medizinische Versorgung nützt kaum etwas, wenn der Mensch keinen Lebenswillen mehr verspürt. Empfundene Lebensqualität und Lebenswille begünstigen den Genesungsprozeß und führen zu einem kürzeren stationären Aufenthalt, was wiederum den Autonomieerhalt begünstigt. Die Würde des Patienten muß in allen Situationen erhalten werden.

Die Stärken-Autonomie-Spirale zeigt, dass der vorzeitige Verlust von Selbständigkeit, Kompetenz und Sozialkontakten unbedingt verhindert werden muß, ebenso muß die Wiederaufnahme einer individuellen Lebensführung außerhalb der Institution erleichtert werden (vgl. Wlk, 1996, 330 f).

4.3.1 Erklärung der Stärken-Autonomie-Spirale nach Schöppl

"Autonomie erhalten" ist der Titel einer Studie von Heimerl und Berlach-Pobitzer (2000, 102ff). Diese Studie ist eine qualitative PatientInnenbefragung in der Hauskrankenpflege, die sich mit den Ängsten und Bedürfnissen alter Menschen unmittelbar nach einem Krankenhausaufenthalt befasst. Ein zentrales Patientenbedürfnis in der Hauskrankenpflege ist dabei die Erhaltung der Autonomie.

Sich selbständig - oder mit Unterstützung - zu Hause versorgen zu können, schützt vor einem "ganz besonderen Übel", vor der Institutionalisierung . Stationär - in einer Institution - gepflegt zu werden, bedeutet - zumindest vorübergehend - einen weitgehenden Verzicht auf Autonomie und auf selbst getroffene Entscheidungen, wie zum Beispiel selbstgewähltes Essen (vgl. Heimerl/Berlach-Pobitzer, 2000, 139).

In dieser Studie wird von den Befragten die Ablehnung von institutionalisierter Pflege betont. Die Ablehnung betrifft nicht nur Institutionen der Langzeitpflege, sondern auch andere stationäre Versorgungsstrukturen wie Akutversorgung.

Was verstehen alte Menschen nach einem Krankenhausaufenthalt unter Autonomie?

In der Studie werden 3 verschiedene Typen von Autonomie unterschieden (vgl. Heimerl/Berlach-Pobitzer, 2000, 124ff):

Typ 1: Autonom ist, wer vieles selbst machen kann (Erfüllung der Grundbedürfnisse)

Typ 2: Autonomie ist durch die Symbiose mit dem Partner gegeben. "Zusammen sind wir selbständig"

Typ 3: Autonom ist, wer sich die notwendige Hilfe selbst organisieren kann. Diese Personen wollen Hilfe nur von jenen annehmen, die dafür bezahlt werden. Hilfe ohne finanzielle Gegenleistung, bedeutet für sie eine Abhängigkeit, die ihre Autonomie bedrohen würde.

Autonomie ist kein Zustand, sondern ein Prozeß. Es geht hier nicht um eine erlernbare Fähigkeit, die, hat man sie einmal erworben, eine Eigenschaft ist, welche die alten Menschen ständig begleitet. Autonomie muß ständig erarbeitet und praktiziert werden. Dies geschieht auf der Ebene der ganzen Person, auf der geistigen, seelischen, sozialen und körperlichen Ebene. Der Prozeß der Autonomie ist für die alten Menschen zu Hause als ein Kreislauf aufzufassen (vgl. Heimerl/ Berlach-Pobitzer 2000,112):

- Die alten Menschen zu Hause nehmen zunächst ihre Bedürfnisse wahr;

- darauf folgt das Kommunizieren der Bedürfnisse sowie das Finden von Personen oder Strukturen, die Unterstützung bei der Erfüllung der Bedürfnisse zur Verfügung stellen können;

- anschließend werden Maßnahmen zur Änderung der Situation durchgeführt, falls notwendig überwacht und korrigiert.

- Zufriedenheit tritt dann ein, wenn die wahrgenommenen Bedürfnisse ausreichend erfüllt wurden bzw. die Selbständigkeit verbessert wurde.

In der Studie von Heimerl und Berlach-Pobitzer (2000, 111ff) sind die Grundbedürfnisse für alte Menschen, deren Erfüllung ihnen ein Anliegen ist, folgende:

- das Wohnen in den eigenen vier Wänden
- die Körperpflege und das Gehen zur Toilette
- das Kochen und Zubereiten von Mahlzeiten
- Haushaltsaufgaben (Wäsche waschen, Bügeln, Aufräumen)

Autonomie bedeutet, Wahlmöglichkeiten zu kennen und zu haben.

Der Patient soll nach Möglichkeit selbst entscheiden, ob er eine Mobile Pflege oder ein Pflegeheim in Anspruch nimmt. Entscheiden kann man aber nur dort, wo es Alternativen gibt. Solche Wahlmöglichkeiten können sein (vgl. Heimerl/ Berlach-Pobitzer 2000,114):

- Die Wahl zwischen dem Krankenhaus und der Pflege zu Hause
- Die Wahl zwischen dem Pflegeheim und der Pflege zu Hause
- Die Wahl zwischen verschiedenen Anbietern von sozialen Diensten
- Die Wahl zwischen pflegenden Angehörigen oder Heimhilfe
- Die Wahl zwischen Essen auf Rädern oder selbst kochen

Je eingeschränkter die PatientInnen ihre Wahlmöglichkeiten sehen, desto abhängiger fühlen sie sich.

Mobilität ist eine Voraussetzung für die Erfüllung der eigenen Grundbedürfnisse und somit der Autonomie. Fast durchwegs ist die Krankheit mit einer Einschränkung der Mobilität verbunden.

Die Studie von Heimerl zeigt, dass die Erhaltung von Autonomie die Lebensqualität der Patienten erhöht. Die gesteigerte Lebensqualität (vgl. 5.4) verhilft dem kranken Menschen zum Lebenswillen.

Der Genesungsprozeß wird durch einen gesteigerten Lebenswillen in vielen Fällen beschleunigt, somit können Patienten früher aus dem stationären Bereich entlassen werden.

Je kürzer die Patienten in der Institution Krankenhaus verweilen müssen, desto geringer die Gefahr des Diskulturationsprozesses (Verlernprozeß) und somit des Autonomieverlustes (vgl. Goffman 1973).

Die nachfolgende Abhängigkeitsspirale veranschaulicht, welchen circulus vitiosus das Pendant der Autonomie - die Abhängigkeit - verursacht.

Die Lebensqualität kann durch verschiedene Skalen gemessen werden. Ann Bowling (1991) hat die brauchbarsten Skalen in Ihrem Buch "Measuring health. A review of quality of life measurement scales." zusammengefasst (vgl. 5.4).

Abhängigkeits-Spirale nach Schöppl

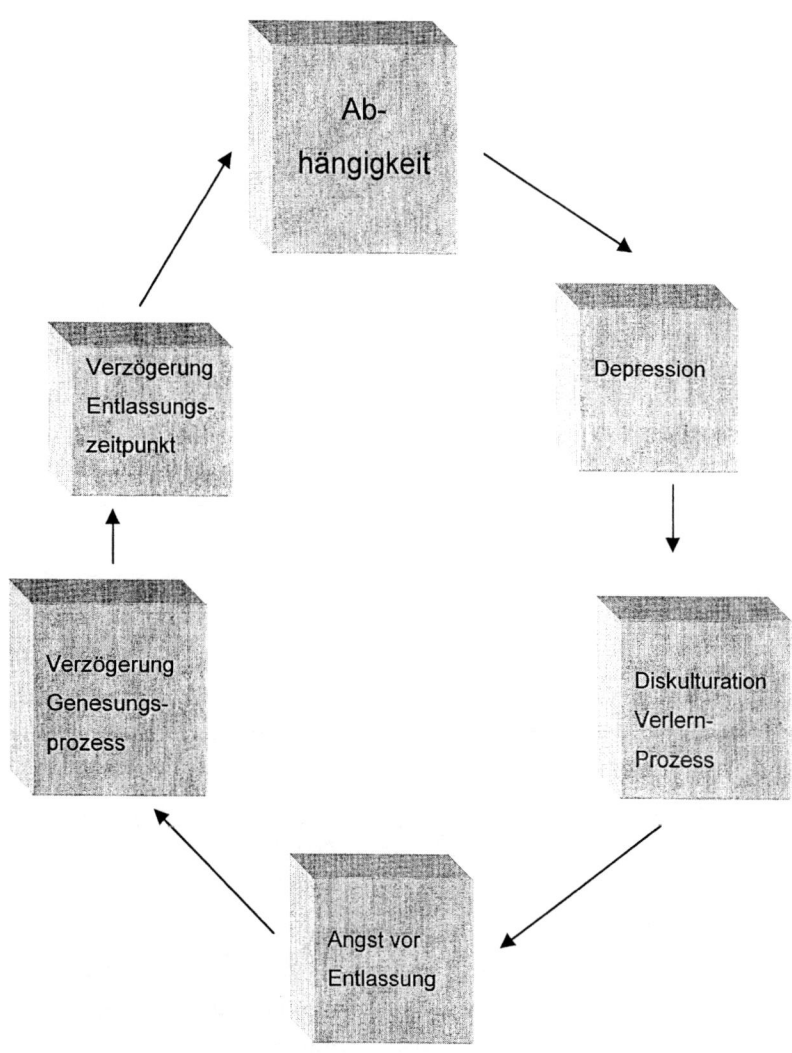

4.3.2 Erklärung der Abhängigkeitsspirale nach Schöppl

Seligman bewies in einer repräsentativen Befragung (n=600), dass die Hilflosigkeit bzw. Abhängigkeit zur Depression und die Depression ihrerseits zu einer Verzögerung des Genesungsprozesse führt (vgl. 4.2.1, 4.2.2).

Verstöße gegen die Würde des Menschen beeinträchtigen den Heilungs- und Linderungsprozeß. In vielen Institutionen wäre bereits die Einhaltung der normalen bürgerlichen Anstandsregeln gegenüber den Patienten eine Verbesserung, insbesondere gegenüber alten Menschen, Kindern, psychisch Kranken, geistig Behinderten, vor allem, wenn sie aus den unteren sozialen Schichten kommen. Organisationsweisen, Knappheitsgrade, Führungsstile fördern oder behindern menschenwürdiges Verhalten (vgl. Kühn, 1995, 14).

Untersuchungen von Seligman (1979) ergaben weiters, dass für bestimmte Verhaltenstypen (Ehrgeiz, Ungeduld, Wettbewerbsorientiertheit, und Zwangshaftigkeit) ein Gefühl der Hilflosigkeit tödlich sein kann, da ein Zusammenhang von Herzanfällen und Hilflosigkeit besteht (vgl.4.2.3).

Sowohl die Stärken-Autonomie-Spirale, als auch die Abhängigkeitsspirale stellen eine Weiterentwicklung der Theorie von Goffman (Totale Institution) und Seligman (Erlernte Hilflosigkeit) dar.

Das Kapitel vier war der theoretischen Grundlage des Autonomierhaltes der Patienten gewidmet im anschließenden Kapitel fünf wird die Umsetzung der gewonnenen Erkenntnisse erarbeitet.

Es werden die Ursachen für eine eingeschränkte Autonomie eruiert (vgl. 5.3.3) und in der Folge werden Lösungsvorschläge für eine Verbesserung der strukturell asymmetrischen sozialen Arzt-Patienten-Interaktion erarbeitet.

Wie die Pflege durch extramurale Dienste die Autonomie erhält wird im Kapitel (5.3.6) gezeigt.

Alle Berufsgruppen des ambulanten und stationären Bereiches müssen gemeinsam an einer Umsetzung des Autonimieerhaltes arbeiten. Erst wenn diese schwierige Aufgabe gelingt, kann man von einer Vernetzung sprechen. Berufsgruppen die als Einzelkämpfer agieren, werden den zukünftigen Anforderungen des Gesundheitswesens nicht mehr gewachsen sein. Der Paradigmenwechsel (vgl. Tabelle 11 Paradigmenwechsel in europäischen Gesundheitssystemen) in den europäischen Gesundheitssystemen wird auch in Österreich seine Spuren hinterlassen.

5 Verantwortungsstruktur des österreichischen Gesundheitssystems und Konsequenzen

Die Verantwortungsstruktur weist im stationären Bereich Lücken auf. Vor allem dann, wenn es um die Einweisung in aber auch um die Entlassung aus dem Krankenhaus geht.

In Österreich kann die Einweisung in ein Krankenhaus durch

- Niedergelassene Ärzte,
- Rettung bzw. Notarzt und
- den Patienten oder dessen Angehörige (Aufnahmearzt im Krankenhaus entscheidet über die Notwendigkeit der Aufnahme)

erfolgen. Es ist zu prüfen, ob nicht ein Verantwortlicher fehlt, der kontrolliert, ob die Einweisung zu recht erfolgt. Denn manchmal wird aus Bequemlichkeit, Kostenersparnis einer Partei oder anderen Gründen in das Krankenhaus eingewiesen.

5.1 Ursachen für eine nicht notwendige Einweisung in das Krankenhaus

- zu frühe Entlassung => Drehtür-Effekt
- finanzielle Anreizsysteme
- mangelnde ambulante Versorgung
- Glaubwürdigkeit (dass es sich um eine ernsthafte Erkrankung handelt)
- fehlende bzw. mangelnde Verantwortungsstruktur

Die Folgen einer Fehleinschätzung der eigenen Ressourcen der PatientIn und des persönlichen sozialen Netzes, das für eine weitere Versorgung im gewohnten

Bereich vorhanden ist, können gravierend sein. Ohne eine gesicherte Versorgung bzw. durch eine zu frühe Entlassung aus dem Krankenhaus kann es zu dem bekannten **Drehtür-Effekt** kommen. Die PatientInnen werden aufgrund der Nichteinhaltung der Medikation, aufgrund von Pflegemängeln oder depressiver Verstimmungen immer wieder innerhalb kürzerer Abstände stationär aufgenommen (vgl. Zapotoczk, K./Gampenrieder, W./Schöppl, I., 2000, 150).

Der niedergelassene Arzt, der in einer Abrechnungsperiode die "Deckelung" voll ausgeschöpft hat, ist durch das derzeitige **finanzielle Anreizsystem** nahezu verpflichtet in das Krankenhaus einzuweisen, auch wenn der Patient optimal ambulant versorgt werden könnte. Bei ein und derselben Diagnose wird einmal ins KH eingeliefert ein anderes Mal ambulant behandelt. So lieferte beispielsweise ein praktischer Arzt eine Patientin nach einem Bandscheibenvorfall in das Krankenhaus ein, wo sie zwölf Tage ausschließlich mit Injektionen therapiert wurde; ein anderer niedergelassener Arzt therapiert eine Patientin mit derselben Diagnose zu Hause mittels Injektionen. Beide Patientinnen wohnen in der Stadt Steyr, sind in etwa gleich alt und gehören dem gleichen sozialen Milieu an.

Mangelnde ambulante Versorgung kann ebenso dazu führen, dass sich PatientInnen ins KH einliefern lassen. Im Krankenhaus steht rund-um-die-Uhr ein Arzt zur Verfügung und das vermittelt dem kranken Menschen ein Sicherheitsgefühl. Im extramuralen Bereich ist hingegen noch keine Rund-um-die-Uhr-Versorgung gewährleistet. Würde die extramurale Betreuung ebenfalls jederzeit möglich sein, könnten viele Einweisungen in das Krankenhaus vermieden werden. Derzeit ruft der extramurale Patient in der Nacht sofort die Rettung und wird ins KH eingeliefert, wenn er glaubt er braucht einen Arzt.

Manche Patienten wollen durch die Einlieferung in das Krankenhaus beweisen, dass es sich um eine ernsthafte Erkrankung handelt. Diese **Bezeugung der Ernsthaftigkeit der Erkrankung** kann als Entschuldigung für das Fernbleiben vom Arbeitsplatz dienen. Der Arbeitgeber akzeptiert in manchen Fällen einen Krankenstand eher dann, wenn der Arbeitnehmer im Krankenhaus und nicht "nur" zu Hause war.

Einerseits ist es für den Patienten bequem, wenn er sich ohne Kontrolle in das Krankenhaus einweisen lassen kann, andererseits werden hier unnötige Kosten verursacht.

Die Einweisung kann auch, wie beispielsweise im amerikanischen Gesundheitssystem, durch eine bestimmte Krankenschwester etc. erfolgen. Wird diese Entscheidung auf eine Person beschränkt, erteilt man dieser Person einerseits ein enormes Machtpotential, das nicht unbedenklich ist, andererseits kann somit eine nicht notwendige Einweisung in das Krankenhaus vermieden werden.

Im folgenden Punkt wird die Verantwortungsstruktur bezüglich Einweisen in das Krankenhaus am Beispiel eines Landeskrankenhauses in Oberösterreich dargestellt.

5.2 Verantwortungsstruktur in Oberösterreich am Beispiel LKH Steyr

In der Folge wird die Verantwortungsstruktur bei der Einlieferung, beim Aufenthalt und bei der Entlassung aus dem Krankenhaus analysiert.

5.2.1 Verantwortungsstruktur im Bereich der *Einlieferung* ins Krankenhaus

Kranke alte Menschen werden vielfach nicht einzig aufgrund medizinischer Behandlungserfordernisse in das Krankenhaus eingewiesen. Die Probleme, die sie in , das Krankenhaus führen, sind zwar krankheitsbedingt - sie befinden sich in einer durch die Krankheitssituation ausgelösten Krise, sind hilflos und nicht in der Lage, eine autonome Lebensführung aufrechtzuerhalten - doch nicht immer hat dies rein medizinische Ursachen.

Dem Krankenhaus kommt eine Substitutionsfunktion zu, denn es fängt Patienten auf, die aufgrund infrastruktureller Defizite der ambulanten Versorgung und durch sie verursachter Diskontinuitäten nicht zu Hause versorgt werden können, kompensiert die zu eng gesteckten Leistungsgrenzen anderer Versorgungseinrichtungen, springt ein, wenn sich Versorgungsarrangements als nicht tragfähig erweisen und zusammenbrechen (z. B. aufgrund von Überlastungserscheinungen des sozialen Netzes oder da Versorungsmaßnahmen nicht flexibel dem individuellen Bedarf angepasst werden können) und schliesst Versorgungslücken wie (vgl. Schaeffer, 2000,13):

- Mangel an teilstationären Einrichtungen,
- Mangel an gerontopsychiatrischen Diensten
- Mangel an ambulanter Rehabilitation

Diese Substititionsfunktion wird heute unter dem Stichwort "Fehlbelegung" diskutiert, wobei übersehen wird, dass es die angedeuteten Strukturdefizite und nicht die Patienten sind, die dieses Phänomen hervorrufen, und dass das Krankenhaus in Österreich traditionellerweise stets mehr als medizinische Behandlungsfunktionen hatte.

Ein Umdenken und Umstrukturieren wird hier notwendig sein.

Derzeit entscheidet in den österreichischen Spitälern der Aufnahmearzt, ob ein Patient, der selbst in das Krankenhaus kommt, aufgenommen wird oder nicht. Rund 40 % der Einlieferung in das Krankenhaus erfolgen durch Selbsteinweisung des Patienten. Die restlichen Einweisungen erfolgen durch den niedergelassenen Bereich bzw. die Rettung.

In der Bundesrepublik Deutschland (vgl. Abbildung 11 Einweisungsmodus für die Aufnahmestation im Krankenhaus) ist der Einweisungsmodus ähnlich wie in Österreich (vgl. Rüschmann, 2000, 253).

Abbildung 11 Einweisungsmodus für die Aufnahmestation im Krankenhaus in Deutschland

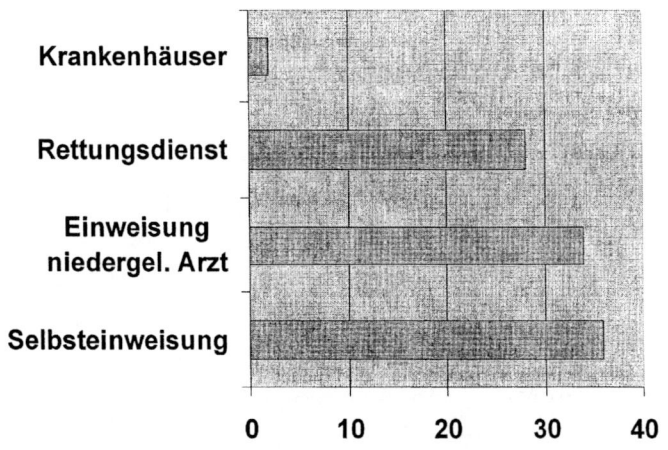

Quelle: Rüschmann, 2000, 253

Der Aufnahmearzt im Krankenhaus darf nicht alleine für die Aufnahme zuständig sein. Das Krankenhaus ist dadurch nämlich in der Lage für eine Auslastung freier Kapazitäten zu sorgen. Somit kann ökonomische und nicht medizinische Notwendigkeit der Einlieferungsgrund sein. Diese Vorgangsweise verursacht nicht notwendige finanzielle Belastungen der Gesamtbevölkerung. Betriebswirtschaftliche, volkswirtschaftliche und medizinische Gründe bzw. Motive müssen unterschieden und geregelt werden.

5.2.2 Verantwortungsstruktur während des *Aufenthalts*

Bisher gibt es für österreichische Spitäler keine gesetzliche Regelung wer im Krankenhaus für die Kontaktaufnahme mit den mobilen Diensten bzw. mit der Sozialarbeiterin des Krankenhauses Kontakt aufnimmt, um eine optimale extramurale Nachversorgung zu organisieren. Es existieren derzeit verschiedene Organisationsformen. In manchen Krankenhäusern gibt es pro Station eine Gruppenverantwortliche, diese muß eine DGKS sein, sie ist auch für die Dokumentation verantwortlich, in anderen Spitälern ist die Stationsschwester für die Organisation der extramuralen Nachversorgung verantwortlich.

Auf jeder Station gibt es jedoch eine Verantwortliche und eine entsprechende Vertretung für z. B.:

- die Hygiene
- die Pflege
- die Krankenschwesterschülerinnen

Treten in einem dieser Bereiche Probleme auf, so kann man auf eine Person zurückgreifen und in Zukunft das Auftreten dieses Problems zu vermeiden.

Bei der Kontaktaufnahme mit den extramuralen Diensten fehlt diese verantwortliche Person. Die Stationsschwester macht das mehr oder weniger freiwillig mit, ist sie krank oder auf Urlaub gibt es keine Vertretung.

Die Stationsschwester scheint prädestiniert zu sein für diese Kontaktaufnahme, da sie:

- eine 40 Stundenwoche und
- in der Hauptzeit (Montag - Freitag) Dienst hat

somit kann sie tagsüber die Kontaktaufnahme mit den extramuralen Diensten in die Wege leiten. Eine Schwester, die viel Nachtdienst, Wochenenddienst bzw. eine 20 Stundenwoche hat, kann diese Verantwortung nicht übernehmen.

Während des Aufenthaltes im Krankenhaus muß eine Person für die Kontaktaufnahme mit den extramuralen Diensten verantwortlich sein. Die Stationsschwester ist aus oa. Gründen dafür am geeignetsten. Es muß auch für eine Vertretung der Stationsschwester, für Urlaubszeiten und im Krankheitsfall, klare Regelungen geben.

5.2.3 Verantwortungsstruktur im Bereich der *Entlassung* aus dem Krankenhaus und der Koordination mit den extramuralen Diensten

In der Folge werden 7 Modelle vorgestellt, wie die Verantwortungsstruktur bei einer optimalen Entlassung geregelt werden kann. Bei 5.2.3.1 Abteilung für Aktivierende Pflege am LKH Steyr, 5.2.3.2 Überleitungspflege und 5.2.3.3 Übergangspflege handelt es sich um verschiedene Entlassungs*formen*, wobei bei den Modellen 5.2.3.4 "Discharge-manager" 5.2.3.5 Case manager und in 5.2.3.6 Entlassungsteam, die *Personenzuständigkeit* geregelt wird und im Punkt 5.2.3.7 Geriatrisches

Assessment die Entlassungsform für eine *bestimmte Patientengruppe* dargestellt wird.

Tabelle 12 Pro und Kontra verschiedener Entlassungsmodelle mit unterschiedlichen Zielsetzungen

Modelle, welche die Entlassungsform regeln		Modelle, welche die Personenzuständigkeit regeln		Modelle, für bestimmte Patiententypen	
Aktivierende Pflege	+ Entwickl d. Selbstpflege -tätigkeit + Integration d. Angehörig - Patient wird nicht zu Hause versorgt	Discharge Manager	- Vernetzung wird ausgelagert - KH ist nicht für die Nach-versorgung zuständig	Geriatr. Assessment	+ Vermeid. von stationären Aufenthalten + Entlas-sungs-planung
Überleitungs pflege	+ Patient wird zu Hause versorgt => Vermeidung Verlern-prozeß - Pflegende Angehörige können überfordert sein	Case manager	- wird von Ver-sicherungen beauftragt um Kosten gering zu halten - nicht patient-orientiert		
Übergangs-pflege	+ Psych. Kriseninterv ention, therap. Gespräche zu Hause	Entlassungs-team	+ Inter-disziplinarität - zeitauf-wendig durch Einstim-migkeit		

Eigene Recherche

5.2.3.1 Abteilung für Aktivierende Pflege am LKH Steyr

Es handelt sich hier um ein Projekt, das von Frau Freidhager, der Pflegedirektorin des LKH Steyr ausgearbeitet wurde. Sie orientierte sich dabei an einem Reformvorhaben für ein Modellkrankenhaus, das zusammen mit dem Senat von Berlin, den Krankenkassen, der Ärztekammer und den Berufsverbänden beraten wurde und nun praktisch umgesetzt wird. Das Kernstück dieses Modells ist das „Zentrum für aktivierende Pflege" (ZAP). Unter der Leitung des Pflegedienstes nimmt das ZAP Patienten auf, die nach den ersten Tagen der intensiven medizinischen Akutbehandlung noch nicht entlassen werden können, aber immer weniger ärztliche Versorgung benötigen. Die Reduzierung ärztlicher „Vor-Ort-Präsenz" und anderer intensiver Betreuungsmaßnahmen ermöglicht eine Kostenreduzierung. (Pflegezeitschrift 11/98)

Der Grundsatz der „Selbsthilfeorientierung" liegt diesem Projekt der Patientenübergabe zugrunde. Im Vordergrund der Pflegearbeit im ZAP steht die Hilfestellung bei der selbständigen Durchführung von Pflege durch den Patienten selbst oder durch Angehörige. Hierbei sind folgende Punkte zu beachten:

- Einschätzung vorhandener Selbstpflegepotentiale und Leistungsressourcen der Patienten vor ihrer Aufnahme ins ZAP
- gezielte Entwicklung vorhandener Selbstpflegetätigkeiten und individuell angepasster Trainingsprogramme
- frühestmögliche Integration der Angehörigen
- professionelle Unterstützung und Ausbildung der Pflegefähigkeit und Hilfsbereitschaft der Angehörigen durch pflegerische MitarbeiterInnen im ZAP

Für dieses Projekt im Krankenhaus Berlin Urban ist eine kontinuierliche wissenschaftliche Begleitung durch die Universität Potsdam vorgesehen. Die Ergebnisse dieser Forschung werden prozeßbegleitend in die Entwicklung des Modells Eingang finden (bisher liegen noch keine Ergebnisse vor).

5.2.3.2   Überleitungspflege

Im AKH Linz wurde von der Pflegedienstleitung gemeinsam mit den Sozialen Diensten an einem Modellprojekt zum reibungslosen „Patiententransfer" vom Krankenhaus in häusliche Pflege gearbeitet. Dabei wurde auf die Einbindung des vorhandenen Netzwerkes der Sozial- und Gesundheitsdienste besonderes Augenmerk gelegt. In dieses Projekt waren auch die Krankenhäuser Sierning, Ried und Freistadt eingebunden (regelmäßige Treffen und gemeinsame Erarbeitung der Ziele).

Ziel ist es:

- eine **Verbindung** zwischen Krankenhaus - sozialen Einrichtungen - und dem „Zuhause" zu schaffen,
- den extramuralen Diensten frühzeitig Information über das Krankheitsbild und die Entlassung des Patienten zukommen zu lassen,
- den Patienten optimal in die **gewohnte Lebensform** zu begleiten, ihm ein selbstbestimmtes Leben zu ermöglichen,
- den Patienten entscheiden lassen wieviel Hilfe und Hilfsmittel er benötigt,
- die Ängste der Patienten abzubauen und ihnen Sicherheit zu geben
- die **pflegenden Vertrauenspersonen** zu unterstützen, ihnen gezielte Anleitungen und Beratung in der Wohnumgebung zu geben.

5.2.3.2.1   Zielgruppe der Überleitungspflege

Die Überleitungspflege soll nicht die Hauskrankenpflege ersetzen oder durchgeführt werden, wenn die Pflege des Patienten durch Angehörige oder extramurale Dienste nicht abgedeckt werden kann, sondern sie soll die Wiedereingliederung folgender **Patientengruppen** fördern:

- Alleinlebende, die eine Starthilfe vom Krankenhaus - nach Hause - brauchen,
- Pflegebedürftige Menschen und deren Vertrauenspersonen, die Unterstützung brauchen,
- Klienten, die extramurale Dienste benötigen,
- Klienten, die kurzzeitig eine pflegerische Beratung und Unterstützung bis zur Genesung brauchen;

5.2.3.2.2 Leistungen der Überleitungspflege

Im Modellprojekt wurden gemeinsam (KH, Sozial Dienste) die Leistungen, welche durch die Überleitungspflege erbracht werden sollen erarbeitet.

- Gespräche mit Patienten und Angehörigen über pflegerische und soziale Probleme,
- Beratung der pflegenden Vertrauenspersonen über Pflege und Pflegemittel,
- Abklärung der Wohnsituation und bei Bedarf Differentialausgänge (s. Abbildung 12 **Prozeßstrukturplan der Überleitungspflege**),
- Umgang und das Hantieren mit Haushaltsgeräten,
- Beratung bei der Adaption der Wohnung,
- Hilfestellung bei Veranlassung von notwendigen Reparaturen,
- Fördern der Nachbarschaftshilfe,
- Koordination mit extramuralen Diensten im Gesundheits- und Sozialbereich,
- Information über richtige Kontrolle der Medikamenteneinnahme,
- Persönliche oder telefonische Nachbetreuung als Starthilfe in den Alltag im Ausmaß von vorher vereinbarten Stunden;

5.2.3.2.3 Organisation der Überleitungspflege

Experten beraten im Team, welche Hilfen der Patient benötigt. Die Informationen kommen von den Beobachtungen der Pflegepersonen, die den Patienten bei dem differentialdiagnostischen Ausgang begleiten. Diese Informationen betreffen:

- die Wohnsituation,

- das soziales Umfeld,

- die Ressourcen und

- die Angehörigen;

Aufgrund der Pflegebeobachtung im Krankenhaus, als auch aus dem Verhalten des Patienten zu Hause, ergibt sich ein komplexes Bild und hier kann die Überleitungspflege - in Zusammenarbeit mit allen anderen Berufsgruppen - bedarfsorientiert einsetzen.

Stefan (vgl. 1989) sieht in einer zentralen Überleitungsstelle z. B. im Linzer Großraum, unabhängig von einem Krankenhaus, den idealen Ansprechpartner für alle Patienten.

In dieser Überleitungsstelle sollen die Informationen von allen Patienten, die sich in der Überleitungspflege in verschiedenen Linzer Krankenhäusern befinden, zusammenlaufen. Mit Hilfe eines multiprofessionellen Teams soll dem Patienten z. B. bei Problemen zu Hause oder bei Fragen des Hausarztes in dieser Koordinationsstelle geholfen werden.

5.2.3.2.4   Prozeßstrukturplan der Überleitungspflege

Die folgende Abbildung zeigt die Verantwortungsstruktur der Überleitungspflege, welche vom Beginn bis zum Ende genau definiert ist.

Abbildung 12 Prozeßstrukturplan der Überleitungspflege

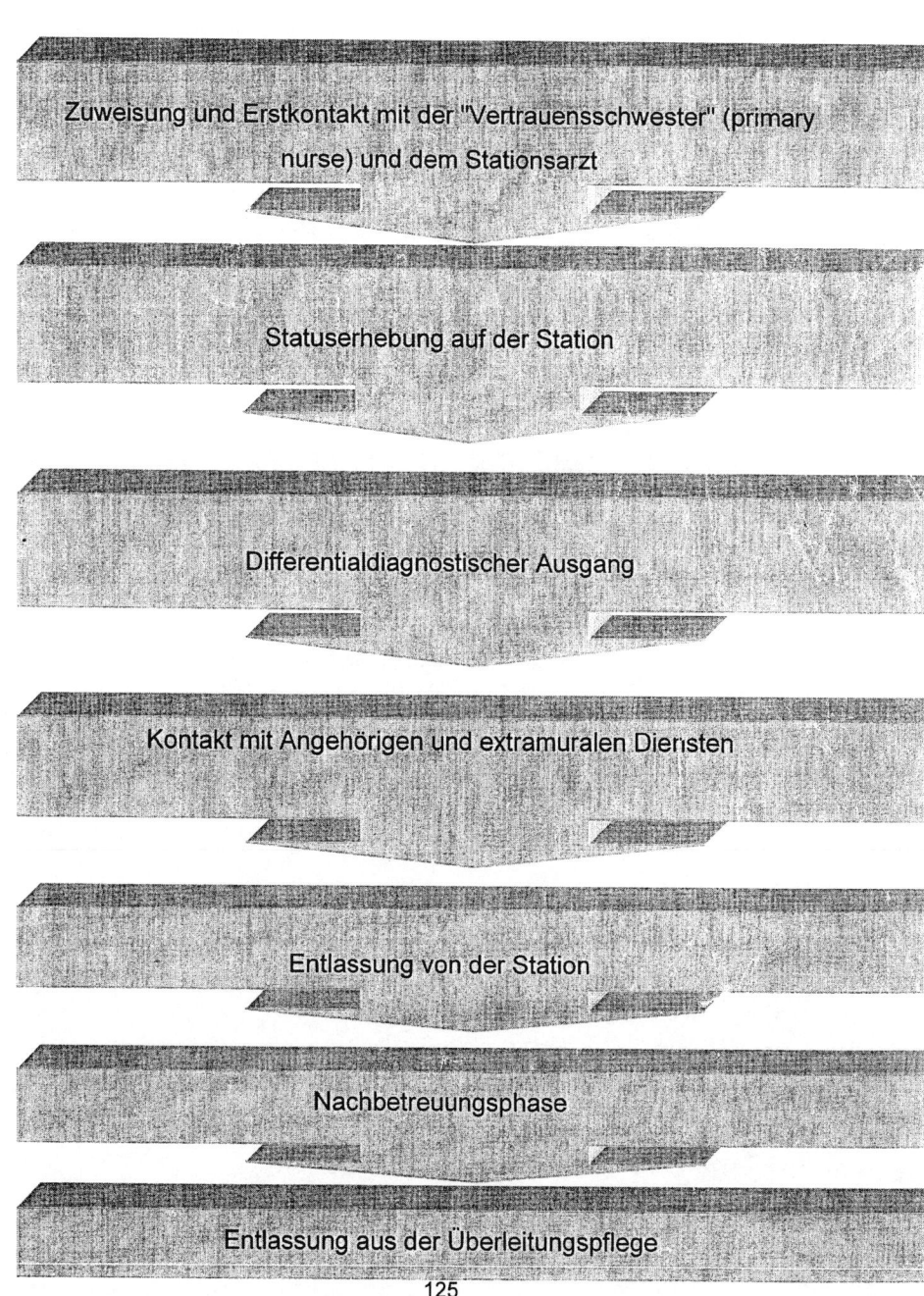

Zuweisung und Erstkontakt mit der "Vertrauensschwester" (primary nurse) und dem Stationsarzt

Statuserhebung auf der Station

Differentialdiagnostischer Ausgang

Kontakt mit Angehörigen und extramuralen Diensten

Entlassung von der Station

Nachbetreuungsphase

Entlassung aus der Überleitungspflege

Nachdem der Prozeßstrukturplan dargestellt wurde, folgt eine Beschreibung einiger Elemente dieses Planes:

Differentialdiagnostischer Ausgang:

- Abholung des Klienten zum vereinbarten Termin mit zB. dem Taxi,
- Wohnung: Überprüfung der "lebenspraktischen" Fähigkeiten,
- Strukturierter Tagesablauf,
- Einschätzung vorhandener Bewältigungsstrategien (Sturz),
- Mobilität,
- Einschätzung, ob und in welcher Weise, sich der psychische und physische Zustand des Klienten verändert,
- Abklärung, ob Veränderungen in der Wohnung notwendig sind (Griffe anbringen, Türschwellen, Bett anpassen),
- Biographieweiterführung,
- Rückkehr an die Abteilung,
- Dokumentation des DD-Ausgangs,
- Besprechung an der Abteilung mit dem mulitprofessionalen Team,
- Pflegeplanung: Planung eines Aktivierungs- bzw. Trainings-programmes,
- Angehörigenberatung über: Pflege, soziale Fragen, Tageszentren, Finanzierung durch dipl. Pflegepersonal und Sozialberatungsstelle;

Entlassung des Klienten von der Abteilung:

- Abholung zum vereinbarten Termin event. mit Angehörigenbetreuung,
- Gespräch mit Angehörigen (Aktivierung),
- Vorstellung der extramuralen Dienste,
- Terminkoordination für die nächsten Tage,
- Dokumentation;

Nachbetreuungsphase:

- 1. Tag nach der Entlassung - Telefonischer Kontakt
- 2. Tag nach der Entlassung - Besuch, je nach Bedarf öfter, im Ausmaß von 10 Stunden.

Im Bedarfsfall können die Nachbetreuungsstunden aufgestockt werden.

5.2.3.2.5   Vorteile der Überleitungspflege

- Kurzfristige Wiederaufnahmen (Drehtüreffekt) unmittelbar nach der Entlassung ›
  könnten somit vermieden werden.

- Der Informationsfluß für die Hauskrankenpflege, Altenpflege, Zuweisung zu
  Tagesheimzentren und Besuchsdienste könnten zentral durch genaue Infos
  des pflegenden Diplompersonals des Krankenhauses optimiert werden.

5.2.3.2.6   Nachteile bzw. Probleme bei der Überleitungspflege:

- Die Angehörigen sprechen sich gegen eine Entlassung aus, wenn sie nicht
  ausreichend über Entlastungsmöglichkeiten informiert werden, wenn ihnen
  keine oder zu wenig Hilfe bei der Pflege ihrer Angehörigen angeboten wird.

5.2.3.2.7   Unterstützung der pflegenden Angehörigen

Folgende prophylaktische Interventionen müssen vorgenommen werden, damit
Angehörige für sich Freiräume schaffen und die Isolation der Pflegesituation
durchbrechen können:

127

- Kurzzeitpflegeaufenthalt
- Angehörigengruppe (Selbsthilfegruppen)
- Tagespflege
- Reha-Maßnahmen
- Mobile soziale Dienste
- Ehrenamtliche Mitarbeiter

Durch die Überleitungspflege können nahezu alle pflegerelevanten Probleme gelöst werden, wenn die Zusammenarbeit mit allen Sozialen Diensten, Therapeuten, sowie den extramuralen Diensten angestrebt und umgesetzt wird.

5.2.3.3 Übergangspflege

Die Leistungen der Übergangspflege sind eine um die folgenden Bereiche der psychischen Betreuung erweiterte Überleitungspflege:

- Beobachten von psychischen und physischen Veränderungen
- Therapeutische Gespräche über das medizinische und soziale Problem
- Gedächtnistraining
- Orientierungstraining
- Psychische Krisenintervention etc.

Die „Übergangspflege der OÖ. Landes-Nervenklinik - Wagner Jauregg", ist eine psychisch-seelische Pflegeform (vgl. Zapotoczky/Gampenrieder/Schöppl 2000, 165ff).

Das Wagner Jauregg Krankenhaus betreut in diesem Projekt die Klienten bis ca. 3 Monate nach dem Krankenhausaufenthalt. Nach dieser Zeit ist die Reintegration in die frühere Wohnsituation meistens abgeschlossen. Die Besuche werden mit den Klienten abgesprochen und je nach Bedarf täglich oder in größeren Abständen durchgeführt. Der Klient wird besucht, die Übergangspfleger kommen in sein Reich, in seine Wohnung, als Privatbesucher.

5.2.3.4   "Discharge-manager"

Die Vernetzung der am Entlassungsprozeß betroffenen Personen kann auch durch einen externen "discharge-manager" erfolgen. Der Unterschied zur Überleitungspflege liegt darin, dass der "discharge-manager" vom Krankenhaus unabhängig agieren kann.

Abbildung 13 Modell des externen "discharge-managers"

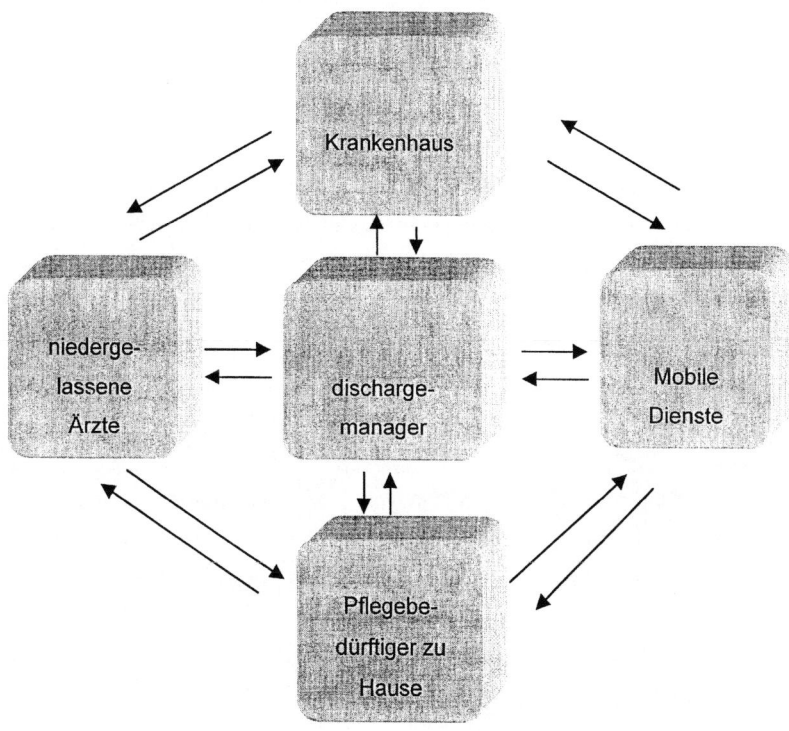

Bei diesem Modell wird das Krankenhaus von der Organisation der Nachversorgung entlastet und kann sich voll der Aufgabe des Akutkrankenhauses widmen. Der discharge-manager sorgt für eine Vernetzung, indem er als Ansprechpartner aller am Entlassungsprozeß beteiligter Personen fungiert.

Das KH übergibt die Verantwortung über die Organisation der Nachversorgung an den discharge-manager und ist an einer Vernetzung nur noch indirekt beteiligt. Für den Patienten ist dieses Modell nicht das beste, denn er muß ein neues Vertrauensverhältnis (zum discharge-manager) aufbauen. Im Gegensatz dazu wird bei der Überleitungspflege der Patient durch eine ihm bereits vertraute Person vom Krankenhaus nach Hause begleitet und dort versorgt.

Eventuelle Mehrkosten, welche durch Patientenflußregulierung seitens des Krankenhauses entstehen, können durch dieses Modell vermieden werden.

5.2.3.5   Case Manager

Das Augenmerk von Case Management richtet sich auf die Betreuung von Fällen, die erfahrungsgemäß zu hohen Kosten führen und die Abstimmung mehrerer Behandlungsbereiche erfordern. Oft wird zunächst beim Krankenhaus angesetzt, da sich dort die teuren Fälle konzentrieren. Ansätze von Case Management sind in einer Hinsicht problematisch, die *Steuerung erfolgt durch die Krankenversicherung*. Die Case Manager werden somit als externe Polizisten empfunden (vgl. Baumberger 2001, 80).

Während das Erfolgskriterium von Case Management ursprünglich vor allem in einer Verminderung der Wiederaufnahmen im Krankenhaus bestand, wird dieser Erfolgsindikator zunehmend als fragwürdig angesehen (Rössler/Salize 1996).

Bei der Behandlung von psychisch Kranken hat der Begriff des Case Managers eine andere Bedeutung als in den übrigen medizinischen Bereichen.

130

Case Manager haben die Aufgabe, dem *psychisch* chronisch Kranken nach der Krankenhausentlassung zu helfen, all jene Behandlungen und Hilfe zu bekommen, die er in der jeweiligen Situation benötigt. Es kann auch zum Aufgabengebiet eines Case Managers gehören, den Patienten bei Bedarf bei der Krankenhausaufnahme zu unterstützen.

Psychisch Kranke sind aufgrund ihrer krankheitsbedingten Einschränkungen häufig nicht in der Lage, diejenigen Dienste und Einrichtungen ausfindig zu machen, die dazu gedacht sind, ihre Bedürfnisse zu stillen. Es zeigte sich immer wieder, dass vor allem durch mangelnde Koordination der extramuralen Versorgungsangebote viele dieser schwer und chronisch Kranken neuerlich ins Krankenhaus aufgenommen werden mussten (vgl. Wancata/Gasselseder 2000, 128).

In den USA, wo schon früh Reformbemühungen begonnen hatten, stellte sich bereits 1963 heraus, dass für viele enthospitalisierte Patienten eine Koordination ihrer Versorgungs- und Therapieangebote erforderlich ist (vgl. Thornicroft et al. 1993).

Diese koordinierende Funktion ist international unter verschiedenen Begriffen bekannt geworden:

- key work
- case work
- case management
- care management;

wobei sich in der psychiatrischen Literatur der Begriff Case Manager durchgesetzt hat (vgl. Wancata/Gasselseder 2000, 128).

5.2.3.6 Entlassungsteam

Der Zeitpunkt der Entlassung aus dem Krankenhaus kann auch durch ein
Entlassungsteam, welches im Krankenhaus angesiedelt ist, bestimmt werden.
Dieses Team soll nach Vorstellung von Frau Pflegedirektorin Freidhager (KH Steyr)
variabel sein und sich aus folgenden Verantwortungsträgern zusammensetzen:

- Sozialberaterin
- Arzt
- Pflegepersonal
- event. Diätassistentin bzw. Therapeutin

Um eine Entlassung zu veranlassen, muß Einstimmigkeit im Team herrschen, dh.
sind die medizinischen Voraussetzungen nicht erfüllt, kommt es zu keiner
Entlassung. Kann die Sozialberaterin keine Nachsorge organisieren, darf ebenfalls
nicht entlassen werden. Gleiches gilt für den Pflegebereich, sind die Pflegevor-
aussetzungen nicht gegeben, wird der Entlassung nicht zugestimmt. Kommt das
Team zu keinem Konsens, muß die obere Instanz eingeschalten werden.

5.2.3.7 Geriatrisches Assessment

Die optimale Entlassungsvorbereitung beginnt bereits bei der Aufnahme in das
Krankenhaus. Das Geriatriezentrum am Wienerwald geht dieser Forderung bereits
seit 1. Juli 1994 nach. Jeder aufgenommene Patient muß zuerst in eine der beiden
Aufnahmestationen kommen. Dort wird folgendes geriatrisches Assessment
vorgenommen (vgl. Rosenberger-Spitzy 1996, 322ff).

- Entlassungsplanung
- Medizinische Versorgung
- Pflegerische Betreuung
- Therapien
- Extramurale Dienste

Ein interdisziplinäres Team, bestehend aus Arzt, Pflegepersonen, Physio- sowie Ergotherapeuten, Psychologen, Sozialarbeitern und wenn nötig Logopäden erstellt gemeinsam mit dem Patienten und dessen Angehörigen eine Karriereplanung. Die optimale Karriereplanung soll eine baldige Rückkehr nach Hause ermöglichen.

Die Ziele des Geriatrischen Assessments sind:

-   Vermeidung von stationären Aufenthalten
-   Verbesserte Verlegung in andere Institutionen (REHA-Zentren, Altenheime etc.)
-   Rückkehr nach Hause

Durch das individuelle Betreuungskonzept im Geriatriezentrum am Wienerwald konnten 11 % der aufgenommenen Patienten direkt von der Aufnahmestation wieder entlassen werden (vgl. Rosenberger-Spitzy 1996, 325). Oft reicht eine fachliche Beratung und Unterstützung der pflegenden Angehörigen, wenn diese sich überfordert fühlen, dann liefern sie den Patienten nämlich einfach im KH ab.

5.2.4 Verantwortungsstruktur im *extramuralen Bereich*. Pläne der Gesundheits- und Sozialsprengel

Die Verantwortungsstruktur ist im extramuralen Bereich deshalb wichtig, da durch die Hospitalisierung soziale Netze zerstört werden können. Es muß unbedingt eine Verantwortungsstruktur geschaffen werden, dh. eine Person im Krankenhaus muß, einerseits dafür verantwortlich sein zu klären, wer vor der Einlieferung in das Krankenhaus für den Patienten gesorgt hat - der Patient kommt z. B. vom "betreuten Wohnen" oder wurde von den Kindern oder von Mobilen Diensten versorgt - und andererseits muß es auch einen Verantwortlichen bei den extramuralen Diensten geben, der mit dem Krankenhaus kommuniziert.

Fehlt diese verantwortliche Person zB. im intramuralen Bereich, die dafür zuständig ist, die Angehörigen rechtzeitig über die Entlassung zu informieren, wird der volkswirtschaftlich teure Drehtür-Effekt (vgl. 5.1) aktiviert. Ebenso wichtig ist aber die verantwortliche Person im extramuralen Bereich, denn die KH müssen wissen, wer ihr Ansprechpartner bei den sozialen Diensten ist, ansonsten kann die Entlassung nicht optimal organisiert werden.

Durch die neue LKF (Leistungsorientierte Krankenhausfinanzierung) zeichnet sich die Tendenz ab, den Patienten möglichst bald zu entlassen. Der extramurale Sektor wird mit neuen Aufgabenbereichen konfrontiert, die noch nicht institutionalisiert sind.

- Niedergelassene Ärzte werden nicht für die Teilnahme an (freiwilligen) Teamsitzungen mit den Mobilen Diensten oder Spitalsärzten honoriert, die aber für eine Vernetzung eine wichtige Rolle einnehmen.

- Die Visiten der Hausärzte können zunehmen, wenn die Koordination mit den Mobilen Diensten nicht funktioniert. Die Mobilen Dienste können derzeit keine rund-um-die-Uhr-Versorgung anbieten, das führt dazu, dass der Patient in der Nacht entweder den Hausarzt oder die Rettung ruft. Eine nicht zufriedenstellende extramurale Versorgung ist kontraproduktiv, da sie zu vermehrten Wiederaufnahmen führt. Dr. Schodermayr, ein Allgemeinmediziner aus Steyr, konnte in seinem Fall einen Rückgang der Visiten um ca. 1/3 in den letzten 2 - 3 Jahren verzeichnen, da laut seiner Auskunft die Heimhilfe zu einer Entlastung des niedergelassenen Arztes führt.

Eine einzig auf Freiwilligkeit (dh. keiner ist verantwortlich) basierende optimale Vernetzung kann keine flächendeckende optimale extramurale Versorgung bewirken. Um eine optimale Vernetzung zwischen intra- u. extramuralen Diensten gewährleisten zu können, ist eine Vorgabe von Mindeststandards ebenso wichtig, wie die Ernennung eines Ansprechpartners, dh. wer ist zuständig für das Funktionieren und die Finanzierung der optimalen Vernetzung (das Land, die GKK, das Krankenhaus, der Patient oder die Ärztekammer etc.)?

Im Bedarfs- und Entwicklungsplan des Landes Oberösterreich erfolgte eine Abschätzung des gesamten Investitionsbedarfs (also der Vollkosten) für die Entwicklung der sozial-pflegerischen Infrastruktur bis zum Jahr 2010 anhand von Normkosten auf der Preisbasis von 1996. Berechnet wurden Kosten für die Errichtung bzw. Adaptierung (vgl. ÖBIG 1999, 109 ff).

-     von Heimplätzen inkl. Kurzzeitpflegeplätzen,
-     von betreuten Wohnungen und
· -   von Sprengelstützpunkten und Sozialzentren.

Die Normkosten wurden folgendermaßen angenommen:

Heimplatz - Neubau	1,3 Mio ATS
Heimplatz - Umbau	50 - 80 % der Neubaukosten
Betreute Wohnungen - Neubau	17.000,- ATS/m^2
Betreute Wohnungen - Adaption	20 - 80 % der Neubaukosten
Schaffung von Sprengelzentren und Sozialstationen	15.000,- ATS/m^2

Im Bedarfs- und Entwicklungsplan des Landes Oberösterreich werden die extramuralen Dienste nicht berücksichtigt. Es wird immer noch den teuren Heimplätzen der Vorrang gegeben und dies obwohl die bestehenden Heimplätze oft nicht ausgelastet sind

Tabelle 13 Kosten und Finanzierung - durchgeführte Kostenberechnungen und deren Ergebnisse in den Ländern

Bundesland	Art der berechneten Kosten	Maßnahmen[3]	Ergebnisse
Burgenland	Kostensteigerung für das Land von 1998 bis 2002	Ausbau der ambulanten Pflege- und Betreuungsdienste	Steigerung der jährlichen Kosten von 22 Mio ATS im Jahr 1998 auf 30,1 Mio ATS im Jahr 2002
		Ausbau von Plätzen in Alten- und Pflegeheimen	Steigerung der jährlichen Kosten von 260 Mio ATS im Jahr 1998 auf 378,2 Mio ATS im Jahr 2002
Kärnten	Vollkosten bis zum Jahr 2010 auf Preisbasis 1998	Ausbau der mobilen sozialen Dienste (Hauskrankenpflege und Hilfe zur Weiterführung des Haushalts)	jährlicher Mehraufwand bis zum Jahr 2010 von 48,9 Mio ATS
		Ausbau des Personals in Alten- und Pflegeheimen	jährlicher Mehraufwand bis zum Jahr 2010 von 45,9 Mio ATS
		Verbesserung der baulich-räumlichen Substanz in Alten- und Pflegeheimen (Investitionskosten)	Gesamtinvestitions-summe bis 2010 von 583,8 Mio ATS
		Ausbau des Angebots an Ergotherapeuten und Physiotherapeuten	jährlicher Mehraufwand bis zum Jahr 2010 von 14,8 Mio ATS
Niederösterreich	Zusätzliche Kosten für das Land im Jahr 2011	Ausbau des Angebots an diplomierten Krankenpflege-personen	129 Mio ATS nach Lebenserwartungs-szenario (höhere Prognosevariante)
		Ausbau von Wohn- und Pflegeplätzen (Personalkosten)	1,9 Mrd ATS nach Lebenserwartungs-szenario (höher Prognosevariante)

---

[3] Bezeichnung der Maßnahmen entsprechend den Angaben in den Bedarfs- und Entwicklungsplänen

Bundesland	Art der berechneten Kosten	Maßnahmen	Ergebnisse
Oberösterreich	Gesamter Investitionsbedarf (Vollkosten) bis zum Jahr 2010 auf Preisbasis 1996	Errichtung von Heimplätzen inklusive Kurzzeitpflege Errichtung von betreuten Wohnungen Schaffung von Sprengelstütz-punkten und Sozialzentren	9,5 Mrd ATS bis zum Jahr 2010
Salzburg	Die geplanten Maßnahmen sind kostenneutral		
Steiermark	Vollkosten bis zum Jahr 2010, bezogen auf die Preisbasis des Jahres 1996	Ausbau der mobilen Dienste	je nach Ausmaß des Ausbaues zwischen 9,7 Mio ATS und 24,3 Mio ATS bis zum Jahr 2010
		Standardverbes-serung der Alten- und Pflegeheime, Neuerrichtungen, Erhöhung des Personalstands	zwischen 2,3 Mrd ATS und 3,5 Mrd ATS bis zum Jahr 2010
Tirol	Aufwendungen für das Land in den Jahren 1997 und 1998 auf der Preisbasis 1997	Ausbau an mobilen pflegerischen und sozialen Diensten und Qualifizierungsmaß-nahmen	23, 5 Mio ATS in den Jahren 1997 und 1998
		Umwandlung von Wohn- in Pflegeplätze und Neuerrichtung von Pflegeplätzen	73,5 Mio ATS in den Jahren 1997 und 1998
		Errichtung von Plätzen in geriatrischen Tageszentren	1,5 Mio ATS pro Jahr (laufende Kosten)
Vorarlberg	Investitionsaufwand bis zum Jahr 2010 (Vollkosten)	Umstrukturierung von Wohnplätzen zu Pflegeplätzen	2,5 Mrd. ATS bis zum Jahr 2010
Wien	Es wurde keine Kostenberechnung durchgeführt		

Quelle: ÖBIG, 1999, 114f

Burgenland, Kärnten, Steiermark und Tirol beabsichtigen den ambulanten Bereich auszubauen. Für Wien und Salzburg sind keine Informationen bezüglich Planung des ambulanten bzw. stationären Bereiches erhältlich. Niederösterreich, Oberösterreich und Vorarlberg haben in ihren Budgets nur Mittel für den stationären Bereich vorgesehen.

5.3 Autonomie und Eigenverantwortung

Was bedeutet Autonomie für den Arzt, das Pflegepersonal, den Patienten, die Angehörigen ua. (vgl. 4.3.1)? Im medizinischen Bereich, insbesondere im stationären Sektor, entscheidet sehr oft der Arzt für den Patienten. Bei Notfällen ist dies auch erforderlich. In vielen Bereichen der Medizin kann man aber sehr wohl zwischen verschiedenen Therapien etc. entscheiden und in diesen Fällen muß dem mündigen Patienten die Chance zur Mitbestimmung und Selbstbestimmung gegeben werden.

Wie in der Stärken-Autonomie-Spirale (vgl. 4.3) demonstriert wird, fördert die Autonomie die Lebensqualität und beschleunigt den Genesungsprozeß. Es gibt jedoch auch Patienten, die nicht selbst entscheiden wollen, sondern die Fremdbestimmung durch den Arzt bzw. das Pflegepersonal bevorzugen.

Es stellen sich folgende Fragen:

1. Kann ein spezifischer Patiententypus eruiert werden, welcher die Eigenverantwortung ablehnt bzw. anstrebt?

2. Für welchen Patienten ist die Eigenverantwortung zielführend?

3. Wann ist es vorteilhaft, dass der Arzt für den Patienten entscheidet?

5.3.1 Explorative Ermittlung der Wichtigkeit der Autonomie und Eigenverantwortung des Patienten

Fragen an Experten aus den Bereichen Medizin, Verwaltung, Pflege, Wissenschaft sollen helfen, die offenen Fragen zu klären.

Dr. Powysill Tagesklinik, Linz (Medizin),

Dr. Wlk vom SMZ-Ost, Wien (Medizin)

Dir. Müller, Wiesbaden BRD (Pflegedirektion)

Prof. Hirschfeld, Genf Schweiz (WHO)

Prof. Landenberger, Halle/Saale BRD (Wissenschaft)

Prof. Seidl, Wien (Wissenschaft)

Prof. Walter, Wien (Wissenschaft)

Mag. Hartinger, Wien (Politik, Abgeordnete zum Nationalrat)

Mag. Hatschief, Wien (Verwaltung, Humano Med)

Auswertung der Expertenantworten:

Von den neun Fragebögen wurden vier retourniert.

Auffallend dabei war, dass weder ein Vertreter der Medizin noch ein Vertreter der Verwaltung den Fragebogen retourniert hat. Die Antworten kamen aus der Politik, der Wissenschaft und der Pflege.

Obwohl ein Drittel der befragten Experten Männer waren, hat kein einziger Mann den Fragebogen beantwortet. Bei den weiblichen Experten haben nur ein Drittel der Befragten den Fragebogen nicht beantwortet.

Erste Frage:

"Führt die Autonomie des Patienten direkt oder indirekt zu positiven oder negativen Konsequenzen seines Genesungsprozesses? Wenn ja, welche sind Ihnen bekannt?"

Abbildung 14 Autonomie des Patienten und positive bzw. negative Konsequenzen

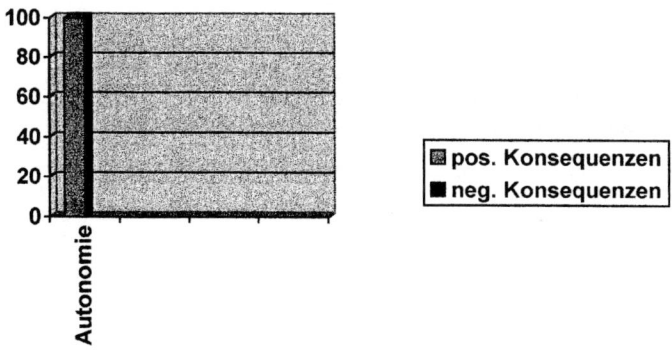

100 % waren der Meinung, dass die Autonomie des Patienten zu positiven Konsequenzen des Genesungsprozesses führt. Kein einziger konnte negative Konsequenzen anführen. Die positiven Konsequenzen wurden wie folgt begründet:

- weil der Patient die Therapie aktiv unterstützt, aktiv Entscheidungen fällt und dieses Aktivsein die Selbstheilungskräfte nachweislich fördert,
- weil der Patient mündig ist,
- weil sich der Patient mehrfach beraten lassen kann (second opinion) wird sein Genesungsprozeß optimiert,

-       weil Autonomie und Selbstentscheidung den Genesungsprozeß
        beschleunigen, außer es handelt sich um extrem ängstliche Patienten, diese
        wollen selbst keine Entscheidungen bezüglich ihrer Gesundheit treffen.

Zweite Frage:

"Welche Merkmale des Patienten sind determinierend für die Ablehnung oder die
Zustimmung zur Eigenverantwortung?

Folgende Determinanten wurden genannt:

-       gesundheitliche und persönliche Situation
-       Zurechnungsfähigkeit und Mündigkeit des Patienten
-       Vertrauensverhältnis zwischen Patient und Arzt
-       Aufklärung und Information des Patienten
-       hohe Neigung zur Autonomie (decision script, non-decision script)

Dritte Frage:

"Kann Ihrer Meinung nach die Eigenverantwortung des Patienten zur
Qualitätssteigerung im intramuralen Bereich führen, indem zB. die Konkurrenz unter
den intramuralen Diensten ansteigt? Wenn ja, warum?"

-       weil der informierte Patient dem Arzt bereits solche speziellen Fragen stellt,
        dass der Arzt sein Wissen auf den Letztstand bringen muß. Die
        Qualitätssteigerung ist nicht im Sinne einer Konkurrenz sondern im
        Zusammenwirken der verschiedenen intramuralen Dienste sowie diverser
        Spitäler (Benchmarking) zu sehen, zB. second opinion,
-       weil der Patient seine Interessen und Bedürfnisse kennt,
-       weil der Patient die Wahlentscheidung als Kunde trifft.

Die dritte Frage wurde von 50 % mit "Ja" beantwortet, dh. die Hälfte der Befragten sind der Meinung, dass die Eigenverantwortung des Patienten zur Qualitätssteigerung im intramuralen Bereich führen kann. Der Rest beantwortete die Frage nicht, da sie den Begriff "Eigenverantwortung" zuerst operationalisiert wissen wollten.

Vierte Frage:

"In Österreich erfolgt die Einlieferung ins KH zu ca. 40 % durch den Patienten selbst; ca. 60 % der Patienten werden vom niedergelassenen Bereich und der Rettung in das KH eingewiesen. Unter welchen Voraussetzungen kann eine Erschwerung der Einlieferung ins KH durch den Patienten selbst zu einer Kostensenkung führen und trotzdem eine optimale Versorgung garantieren?"

Abbildung 15 Regulierung der Selbsteinweisung ins Krankenhaus

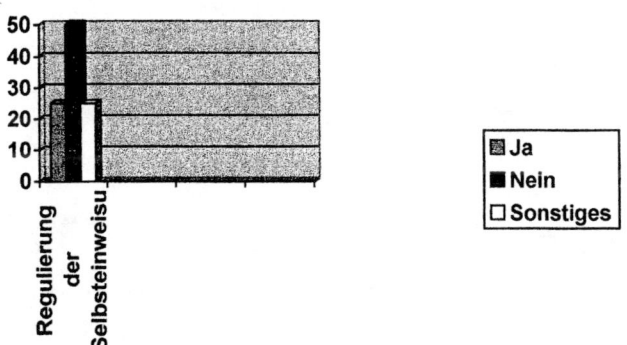

Die Regulierung der Selbsteinweisung ins Krankenhaus durch den Patienten wurde von 50 % abgelehnt. 25 % sprachen sich für eine Regulierung der Selbsteinweisung aus, indem ein extramuraler Arzt die Entscheidung über die Einweisung ins Krankenhaus fällen muß. Eine Befragte verstand die Frage nicht.

143

Fünfte Frage:

"Soll bei der Einlieferung ins KH eine Änderung der Verantwortungsstruktur forciert werden? Wie könnte eine eventuelle Änderung aussehen?"

Abbildung 16 Änderung der Verantworutngsstrukur bei der Einlieferung ins Krankenhaus

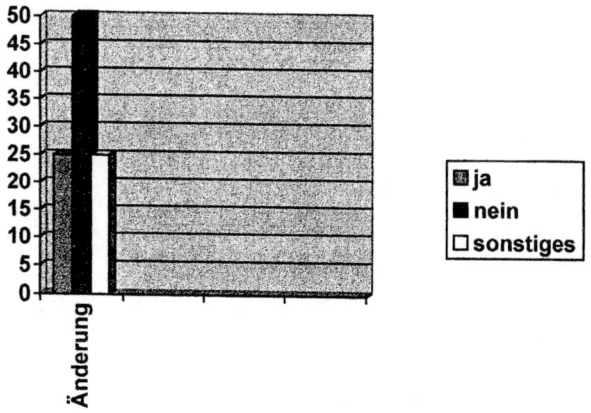

50 % sprachen sich gegen und 25 % für eine Änderung der Verantwortungsstruktur bei der Einlieferung ins Krankenhaus aus. Der Rest meinte: "Möglichkeiten der Mitentscheidung der Betroffenen sollten in allen Phasen ihres Kontakts mit dem Gesundheitswesen gefördert werden, daher auch bei der Einlieferung ins Krankenhaus (Möglichkeit bedeutet aber nicht Zwang)."

Sechste und letzte Frage:

Bei der Entlassung aus dem KH gibt es derzeit in Österreich keine einheitliche Regelung. In vielen Fällen gibt es keine Person, welche ausschließlich für das Entlassungsmanagement aus dem KH verantwortlich ist. Oft wird das Entlassungsmanagement "nebenbei" von zB. der Stationsschwester durchgeführt, ist diese krank, gibt es keine Vertretung.

Welche Modelle erweisen sich sowohl aus ökonomischer als auch aus der Perspektive des Patienten am vorteilhaftesten?

a) Entlassungsteam (Arzt, Pflegeperson, Sozialberaterin und Therapeutin) im KH

b) discharge manager im KH angesiedelt

c) discharge manager extern angesiedelt

d) Überleitungspflege: Patient wird auf Probe entlassen und vom KH-personal nach Hause begleitet und für eine bestimmte Zeit bei der Versorgung unterstützt

e) Liaison-Geriatrie

f) sonstige Modelle (bitte kurz beschreiben)

Abbildung 17 Bevorzugtes Entlassungsmodell

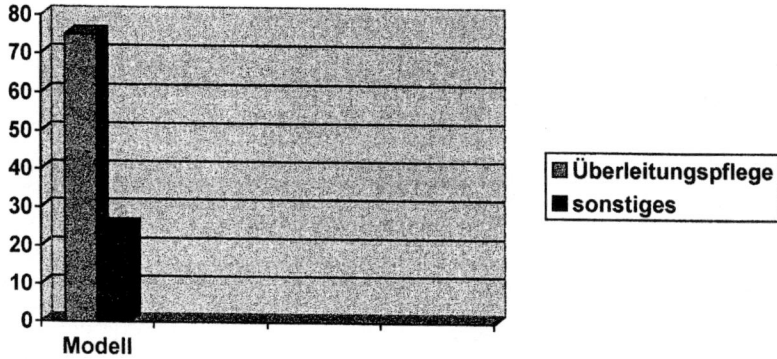

75 % sprachen sie für das Überleitungsmodell aus. Also für ein Modell, welches sowohl die Angehörigen des Patienten, den Patienten selbst und die extramuralen Dienste involviert. Eine Person war mit den Antwortvorgaben nicht einverstanden und beantwortete die Frage nicht.

Zu den Ergebnissen der Expertenbefragung im In- und Ausland können zusammenfassende folgende Trends festgestellt werden:

- **positive Konsequenzen der Autonomie des Patienten auf den Genesungsprozeß (100 %)**
- Befürwortung der Überleitungspflege (75 %)
- Ablehnung einer Änderung der Verantwortungsstruktur bei der Einlieferung ins Krankenhaus (50 %)
- Eigenverantwortung führt zur Qualitätssteigerung (50 %)

Die Hypothese 2: "Es existieren verschiedene Patiententypen, die Autonomie und Eigenverantwortung ablehnen bzw. befürworten. Je nach Patiententyp wird durch die

Autonomie der Genesungsprozeß beeinflusst." dieser Arbeit kann somit absolut bestätigt werden.

Das Rudolfinerkrankenhaus in Wien ist beispielsweise für die Eigenständigkeit der Patienten bekannt und wird vor allem von der gehobeneren Bevölkerungsschicht aufgesucht. Ökonomisch betrachtet kostet dem Krankenhaus die Eigenständigkeit der Patienten nicht mehr, führt aber beim Patienten zu einer Steigerung der Lebensqualität (vgl. 4.3.)

Eine qualitative PatientInnenbefragung in der Hauskrankenpflege von Heimerl und Berlach-Pobitzer (2000, 102ff) zeigt, wie wichtig die Erhaltung der Autonomie für alte Menschen ist.

In dieser Studie wird von den Befragten die Ablehnung von institutionalisierter Pflege betont. Die Ablehnung betrifft nicht nur Institutionen der Langzeitpflege, sondern auch andere stationäre Versorgungsstrukturen wie Akutversorgung (vgl. Kap.4).

Der Patient benötigt Informationen über das Heimatspital, damit ist er in der Lage schon bevor er erkrankt, ein Spital, das seinen Bedürfnissen entspricht, auszuwählen. Diese Entscheidung wird beim niedergelassenen Arzt depotiert und bei einer allfälligen Einweisung in das Krankenhaus berücksichtigt.

Wählt der Patient sein Krankenhaus aus, so entsteht eine Konkurrenz zwischen den Spitälern. Die Krankenhäuser werden noch mehr als bisher um eine Qualitätssicherung und eine patientennahe Versorgung bemüht sein.

5.3.2 Welcher Patiententypus strebt die Autonomie und Eigenverantwortung an und welcher lehnt sie ab?

Meistens sind einzelne Anteile von verschiedenen Persönlichkeitstypen vereint (vgl. Heim, 1986). Die Patiententypen wurden von Heim und Willi in der psychosozialen Medizin entwickelt.

5.3.2.1   Der unabhängige Patient

- wichtig für ihn ist möglichst viel Autonomie und das Gefühl ernst genommen zu werden, zB. durch gründliches Besprechen der Konsequenzen

5.3.2.2   Der ängstlich-abhängige Patient

- ordnet sich dem "starken" Betreuer sofort unter, um sich dessen Fürsorge und Verfügbarkeit zu sichern, er *verzichtet auf jegliche Autonomie* und Eigenverantwortung
- kooperiert im allgemeinen sehr gut, da er nicht widerspricht
- Gefahr der Regression in ein kindlich-passives Verhalten

5.3.2.3   Der überheblich-anspruchsvolle (narzisstische Patient)

- verbirgt seine Unsicherheit hinter überlegenem Verhalten und Arroganz,
- um ihn für die Kooperation zu gewinnen, will er über Vorgangsweisen, Aussichten etc. informiert werden.

5.3.2.4   Der überangepasst-ordentliche (zwanghafte) Patient

- meistens sehr kooperativ, kann für den Arzt anstrengend werden, wenn er das Gefühl hat, nicht alles kontrollieren zu können, daher sind genaue Informationen über Befund und Therapieplan sehr wichtig

5.3.2.5   Der misstrauisch-abweisende (paranoide) Patient

- will unbedingt unabhängig bleiben und vertraut sich nur ungern anderen an, interpretiert seine Krankheitszeichen selbst und zieht die Selbstbehandlung vor
- kann nur durch Sachlichkeit zur Kooperation gewonnen werden

Am Beginn dieses Kapitels wurden drei Fragen gestellt, die nun nach Vorliegen der Ergebnisse der Expertenbefragung und ausführlichem Studium der Thematik wie folgt beantwortet werden können.

Die erste Frage: "Kann ein spezifischer Patiententypus eruiert werden, welcher die Autonomie und Eigenverantwortung ablehnt bzw. anstrebt?" kann klar beantwortet werden.

Bis auf den ängstlich-abhängigen Patiententypus bevorzugen alle die Autonomie und Eigenverantwortung. Wird trotzdem über ihre Köpfe hinweg entschieden, dann sind sie nicht zur Kooperation bereit. In der Folge wechseln sie den Arzt und lassen die selbe Untersuchung nochmals durchführen.

Auch die zweite Frage: "Für welchen Patienten ist die Autonomie und Eigenverantwortung zielführend?" kann beantwortet werden. Vier von fünf Patiententypen genesen schneller, wenn ihnen Autonomie zukommt. Nur für den "ängstlich-abhängigen" Patient ist die Mitbestimmung eine Belastung, er bevorzugt eine Entscheidung durch den Arzt.

Frage drei: "Wann ist es vorteilhaft, dass der Arzt für den Patienten entscheidet?"
Nur ein Patiententypus - der ängstlich-abhängige Patient - verzichtet auf jegliche
Mitsprache und lehnt Autonomie ab. Der Arzt muß aber unabhängig vom
Patiententyp immer entscheiden, wenn der Patient nicht zurechnungsfähig oder
ansprechbar ist und eine Verzögerung der Entscheidung das Leben des Patienten
gefährden würde oder irreparable Gesundheitsschäden zu erwarten sind.

Die Berücksichtigung der Autonomie und Eigenverantwortung ist von enormer
Bedeutung, da

- einerseits die gesamtgesellschaftlichen Kosten einer Doppeluntersuchung
  vermieden werden und
- andererseits bei einem Großteil der Patienten, veranlasst durch die
  Zufriedenheit, der Genesungsprozeß beschleunigt wird (vgl. 4.3 Stärken-
  Autonomie-Spirale).

5.3.3 Wodurch wird aus soziologischer Sicht die Autonomie und Eigenverantwortung des Patienten eingeschränkt?

Durch Experten-, Definitions- und Steuerungsmacht entsteht eine prinzipiell
asymmetrische Beziehung. Der Begriff Macht wird hier im soziologischen Sinne
gebraucht; er bezeichnet die erhöhte Chance des Arztes, einerseits Quellen der
Unsicherheit des Gegenübers zu kontrollieren, andererseits knappe, erstrebte Güter
(ärztliche Dienstleistungen) unterschiedlich zu gewähren (vgl. Siegrist, 1995, 240ff).

Durch organisatorisch-institutionelle Rahmenbedingungen der Arzt-Patient-
Beziehung sowie durch die sozio-ökonomischen bzw. soziokulturellen Merkmale des
Patienten wird die Asymmetrie verschärft.

5.3.3.1 Arzt -Patienten-Interaktion als strukturell asymmetrische soziale Beziehung

Die Arzt-Patienten-Interaktion ist aus folgenden Gründen eine strukturell asymmetrische soziale Beziehung (vgl. Siegrist, 1995, 244):

-   Unterschiedliche Wissensverteilung führt dazu, dass der Arzt in der Regel Experte, der Patient in der Regel Laie ist. Die daraus resultierenden Informations- und Handlungsmöglichkeiten geben dem Arzt **Expertenmacht**.

-   Unterschiedliche soziale Rollen bedingen, dass der Arzt gesellschaftliche **Definitionsmacht** hat (Diagnosestellung, Krankschreibung, Recht zur Behandlung etc.) während der Patient als Hilfesuchender die Verpflichtung zur Inanspruchnahme des Arztes und zur Befolgung ärztlicher Anordnungen besitzt (Krankenrolle)

-   Funktional-spezifische Kompetenz und Imperative des instrumentellen Handelns (Technik) geben dem Arzt in der konkreten Interaktionssituation **Steuerungsmacht** (Definition von Beginn - Wartezeiten -, Verlauf und Ende des Kontakts; Recht auf Initiativen, Unterbrechungen etc.) Steuerungsmacht schliesst auch das Aussprechen von Sanktionen (Sanktionsmacht) sowie das Gewähren oder Vorenthalten besonderer Vergünstigungen (zB. zeitlicher Aufwand pro Patient) mit ein.

Der Arzt muß aktiv der (gegebenen) Asymmetrie entgegenwirken. Schon in der Ausbildung muß der Arzt auf die Vermeidung der Asymmetrie vorbereitet werden.

5.3.3.2 Organisatorisch-institutionelle Rahmenbedingungen der Arzt-Patient-Beziehung

In der ambulanten Versorgung haben Patienten in der Regel mehr Wahlmöglichkeiten und Verhandlungsmacht (Behandlungsabbruch, Arztwechsel) als im Krankenhaus. Hingegen sind die Einflußchancen von Patienten im Krankenhaus strukturell begrenzt (vgl. Siegrist, 1995, 245f). Aufgrund ihres eingeschränkten Gesundheitszustandes werden Kranke umfangreichen Reglementierungen, Vereinnahmungen unterworfen und in ihrem Handlungsspielraum eingeschränkt (vgl. 4.1 Totale Institutionen nach Goffman). Was zu tun ist, um den Handlungsspielraum des Patienten im Krankenhaus zu erhalten, wurde bereits unter Punkt 4.1.5 entwickelt. Wie die asymmetrische Arzt-Patienten-Interaktion verbessert werden kann, wird unter Punkt 5.3.4 dargestellt.

5.3.3.3   Soziokulturelle Unterschiede bei der Arzt-Patient-Beziehung

Medizinsoziologische Untersuchungen ergaben, dass soziale Schichtzugehörigkeit, ethnische Unterschiede und Zugehörigkeit zu unterschiedlichen Sprachgemeinschaften ungünstige Voraussetzungen für die Arzt-Patient-Beziehung bilden und damit die soziale Asymmetrie verstärken (vgl. Siegrist, 1995, 247f). Im ambulanten Bereich kann der Patient den Arzt wechseln, wenn er sich zB. aufgrund seiner Schichtzugehörigkeit schlecht behandelt fühlt. Im stationären Bereich hat der Patient kaum eine Möglichkeit auf die Behandlung durch einen anderen Arzt zu bestehen.

5.3.3.4   Berufliche Sozialisation der Ärzte durch "Lernen am Modell"

Wie ein Arzt dem Patienten (in unterschiedlichen Situationen) begegnet, zu bestimmten Entscheidungen gelangt und Anordnungen trifft, wie er Fehler eingesteht, Mitarbeiter lobt oder tadelt, wird nicht aus Lehrbüchern gelernt, sondern aus vielfältigen Beobachtungen an klinisch Lehrenden gespeichert und zu einem persönlichen "Stil" beruflichen Handelns generiert (vgl. Siegrist, 1995, 239).

Schon während des Medizinstudiums muß der zukünftige Arzt auf die Arzt-Patienten-Asymmetrie vorbereitet und Lösungsvorschläge erarbeitet und vermittelt werden. Die Lehrbücher bedürfen einer dringenden Modifizierung.

5.3.4 Wie kann die strukturell asymmetrische soziale Arzt-Patienten-Interaktion verbessert werden?

Schon in der Ausbildung zum Arzt sind hier Modifizierungen nötig. Der Arzt muß auf diese Problematik vorbereitet werden. Weiters muß der Arzt mit dem Patienten ein Aufklärungsgespräche bezüglich

- Diagnose,
- diagnostische Maßnahmen,
- therapeutische Maßnahmen und
- Prognose führen.

Beim Ulmer Stationsmodell (Köhle et al. 1986) versuchte man die Asymmetrie durch mehr Zeit für die tägliche Visite zu verringern, es konnte dadurch auch eine bessere Kooperation zwischen den verschiedenen Berufsgruppen erzielt werden. Diese "Mehr-Zeit" hat man durch die Umstrukturierung der Arbeitsorganisation gewonnen. Die Visiten nur verlängern hat jedoch keinen Sinn, wenn nicht auch die Aus-, Fort- und Weiterbildung der Ärzte bezüglich Gesprächsführung forciert werden. Schon der Medizinstudent muß auf die "Bekämpfung" der asymmetrische Interaktion vorbereitet werden. Der Mediziner ohne Kenntnisse der Soziologie kann die asymmetrische Interaktion nicht bewältigen. Talcott Parsons (1951) hat dazu folgende idealtypische ärztliche Rollennormen entwickelt:

- Ärztliches Handeln soll affektiv neutral sein
- Ärztliches Handeln soll funktional spezifisch sein
- Ärztliches Handeln soll von einer Kollektivitätsorientierung und von einer universalistischen Einstellung geprägt sein.

Zwischen tatsächlichem Handeln und normativen Ansprüchen tut sich jedoch eine Kluft auf. Das Wissen über idealtypische Rollennormen alleine ist zu wenig es muß auch umgesetzt werden.

5.3.5 Die Tagesklinik als Beispiel für maximale Eigenverantwortung des Patienten

Die Möglichkeit, eine tagesklinische Leistung in Anspruch zu nehmen, erhöht die Bedeutung und die Eigenverantwortung des Patienten im Gesundheitswesen und macht ihn problembewusster (vgl. 2.4 Begriffsdefinition Tagesklinik).

Der Arzt hat den Patienten auf etwaige Folgen des Eingriffes aber auch allenfalls mögliche Komplikationen, die sich nach dem Verlassen der Ambulanz ergeben können, aufzuklären. Die Auswahl und Abgrenzung der für die ambulante Chirurgie möglichen Behandlungsfälle obliegt der Verantwortlichkeit des Arztes. Hat der Arzt den Patienten entsprechend aufgeklärt, verlagert sich die Verantwortlichkeit für die Entscheidung zum tagesklinischen Eingriff auf den Patienten (vgl. Radner, 1993, 31f).

Abbildung 18 Art der ambulanten Operation

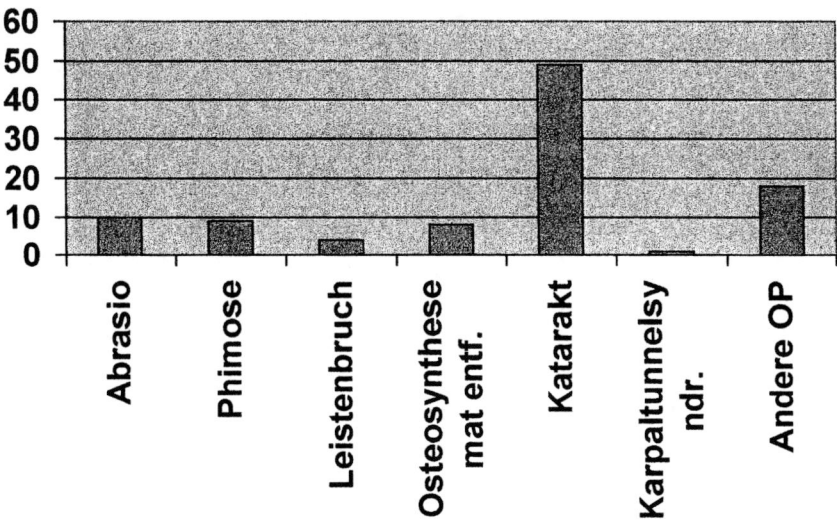

Quelle: Rüschmann, 2000, 226

155

Eine sehr wesentliche Voraussetzung für die Entscheidung zu einem tagesklinischen Eingriff ist ein geeignetes soziales Umfeld (Pflegepersonen) für die Nachbetreuung. Personen die nach ambulanten Operationen nicht alle Tätigkeiten des täglichen Lebens selbst verrichten können, sind zu 68,8 % auf die Hilfe der Angehörigen angewiesen (vgl. Rüschmann, 2000,227).

Der Eingriff in der Tagesklinik hat verschiedenste Vorteile (vgl. Radner, 1993, 21f):

-    Vermeidung des Spitalsschocks, vor allem bei Kindern
-    geringere Infektionsrate
-    Gesamtaufwand der Krankenanstalten kann mittels Einsparungen von Personalkosten durch fehlende Nacht- und Wochenenddienste verringert werden.

Die "Medizinische Qualitätsgemeinschaft Rendsburg (MQR)" in Deutschland führte eine empirische Studie (vgl. Rüschmann et al, 2000, 226f) über die Zufriedenheit der Patienten nach einer ambulanten Operation durch. Die Befragten (n=74) waren zu einem exorbitant großen Teil (77 %) mit der Qualität der Behandlung "sehr zufrieden" mit dem ambulanten Operateur waren sogar 90,3% der Patienten "sehr hoch zufrieden". Weiters wurden die Patienten befragt, warum sie sich ambulant operieren lassen. 51, 4 % wählten diese Alternative aufgrund des schnellen Operationstermins und 71,6 % wollten einen Krankenhausaufenthalt vermeiden.

Abbildung 19 Befinden nach ambulanter Operation zeigt, dass 53,5 % nach einer ambulanten Operation immer, 31 % meistens und 14,1 % selten die Tätigkeiten des täglichen Lebens selber verrichten konnten

Abbildung 19 Befinden nach ambulanter Operation

Quelle: Rüschmann, 2000, 227

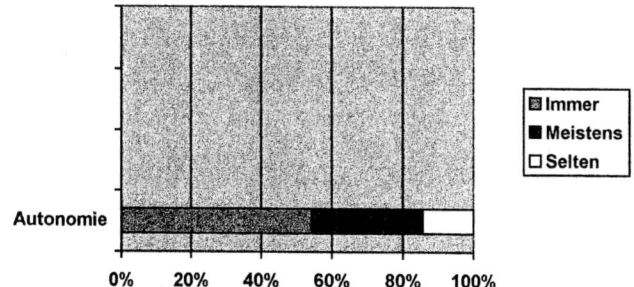

Die genannten Vorteile, sind jedoch nur dann wirksam, wenn sich der Patient freiwillig für den Eingriff in der Tagesklinik entscheidet. Durch Zwang würde man hingegen den Drehtüreffekt aktivieren.

Bei einer Gegenüberstellung der tagesklinischen Leistung zu einem "normalen" Krankenhausaufenthalt, fallen für einen gesetzlichen Krankenversicherungsträger zusätzliche Kosten an (vgl. Radner, 1993, 57f).

-   vermehrte Transportkosten für den Sozialversicherungsträger bei Inanspruchnahme tagesklinischer Leistungen, da der Patient in der Regel nicht so weit hergestellt ist, dass er öffentliche Verkehrsmittel benutzen kann. Im stationären Bereich sind nur in seltenen Fällen Krankentransportmittel für den Heimtransport erforderlich.

In folgenden Bereichen kommt es zu einer Kostenverschiebung vom stationären Bereich auf die Krankenversicherungsträger:

-   Zusätzliche Heilmittel, Heilbehelfe und Hilfsmittel

-   Allfällige Komplikationen nach stationärer Aufnahme

-   Hebammenkosten bei ambulanter Entbindung

Gesamtgesellschaftlich betrachtet werden durch die wesentlich kürzere Verweildauer in der Tagesklinik Kosten reduziert. Die Krankenstanddauer wird bei einem tagesklinischen Eingriff ebenfalls verkürzt.

Zusammenfassend kann festgestellt werden, dass sowohl aus soziologischer Sicht als auch aus volkswirtschaftlichen Gründen die Vorteile der Tagesklinik gegenüber dem stationären Aufenthalt überwiegen, unter der Voraussetzung, dass der Patient sich freiwillig für den Eingriff in der Tagesklinik entscheidet und dadurch auch keinen finanziellen Nachteil zu erwarten hat.

5.3.6 Pflege durch extramurale Dienste und Autonomieerhalt

Patienten, die in den "eigenen vier Wänden" gepflegt werden können, fühlen sich nicht ganz so hilflos, wie Patienten, die längere Zeit in einer Anstalt gepflegt werden. Die vertraute Umgebung ermöglicht den Autonomieerhalt.

Gründe für einen Autonomieerhalt durch die Pflege von mobilen Diensten:

- Besuche können kommen und gehen wann sie wollen.

- Es besteht keine Reglementierung über die "Schlafenszeit".

- Bei manchen mobilen Diensten (zB: Vita Mobile in Steyr) kann der Patient kundtun, wenn er von einer bestimmten Pflegeperson nicht gepflegt werden will, in der Regel wird der Patient immer von der selben Person des mobilen Dienstes gepflegt. Es entsteht eine Vertrauensbasis, die das Menschsein ermöglicht und die Würde des Menschen erhält. Im stationären Bereich wird der Patient von einem Stab von Personal gepflegt, er hat kaum eine Möglichkeit sich der Behandlung durch einer ihm unsympathischen Person zu entziehen und verliert somit an Autonomie.

- Der Patient kann bestimmen, welche Personen ihn in einem unkontrollierten oder demütigenden Erscheinungsbild sehen. Im stationären Bereich wird im diese Möglichkeit verwehrt. In manchen Krankenhäusern stehen die alten Menschen immer noch (LKH Gmunden Mai 2001) mit ihren Betten am Gang des Krankenhauses, sie müssen dort essen, schlafen etc. und sind den Blicken jedes Passanten ausgeliefert, die Menschenwürde ist hier abhanden gekommen.

- Im stationären Bereich muß man meistens das Zimmer mit anderen Personen teilen und hat keine Intimsphäre.

-       physische und psychische Bedürfnisse (weiches oder hartes Bett, Umgang mit dem Haustier etc.) sind zu Hause selbstverständlich, im stationären Bereich aber oft nur schwer zu verwirklichen und führen zu einem Verlust der Selbstbestimmung.

Die Pflege durch extramurale Dienste ermöglicht einen besseren Autonomieerhalt als die stationäre Pflege.

5.4   Verantwortungsstruktur und Lebensqualität

Die Verantwortungsstruktur (bei der Einlieferung, beim Aufenthalt und bei der Entlassung aus dem Krankenhaus) beeinflusst die Lebensqualität, wie die Stärken-Autonomie-Spirale bzw. die Abhängigkeitsspirale zeigen (vgl. 4.3).

Nur bei klarer Regelung der Verantwortungsstruktur kann der Patient darauf vertrauen, dass ihm eine angemessene Behandlung zukommt. Nicht ökonomische Faktoren oder Auslastungskapazitäten des Krankenhauses entscheiden über die Einlieferung, sondern die medizinische Notwendigkeit. Vertrauen dient der Überbrückung eines Unsicherheitsmomentes im Verhalten anderer Menschen (vgl. Luhmann, 1968, 20) und ist die Basis der Lebensqualität. Wenn nichts miteinander verbunden ist oder alles mit allem, gibt es keine Möglichkeit der Generalisierung. Ohne Struktur ist keine Vertrauensbildung möglich (vgl. Luhmann, 1968, 37).

Ein bestimmter Patiententypus fühlt sich übergangen, wenn ihm nicht die Möglichkeit der Mitentscheidung angeboten wird, ein anderer fühlt sich in der selben Situation überfordert. Lebensqualität wird aber nicht nur von intrinsischen, sondern auch von extrinsischen Faktoren beeinflusst (vgl. 5.4.1).

Eine Warm-, Satt- und Sauberpflege, wie sie früher üblich war, entspricht selten den Bedürfnissen der alten Menschen. Hingegen kann in der Regel die reaktivierende Pflege, Hilfe zur Selbsthilfe bieten. Die Motivation zur Selbständigkeit steigt durch das Wiedererlernen verloren geglaubter Fähigkeiten (vgl. Rosenberger-Spitzy, 1996, 322 ff).

5.4.1 Individuelle und soziale Qualität der Krankenversorgung beeinflussen die Lebensqualität

Die Qualität der Krankenversorgung beeinflusst die Lebensqualität des kranken Menschen und seiner Angehörigen. Wie sich Reformkonzepte in der Krankenversorgung und -versicherung auf die Lebensqualität auswirken, kann an drei allgemeinen Beurteilungskriterien für eine humane und solidarische Krankenversorgung gemessen werden (vgl. Kühn, 1995, 13ff):

1. Welche Position hat der individuelle Kranke, wie verändert sie sich (Patientenorientierung)? Patientenorientierung lässt sich wie folgt definieren:

Die Bevölkerung erwartet, dass die Institutionen dem kranken Individuum differenzierte Aufmerksamkeit zuteil werden lassen, dh. dass sie über die Ressourcen, Organisation, Qualifikation und Motivation verfügen, die es möglich und wahrscheinlich machen, dem Kranken, dh.

- seinem gesundheitlichen Status,
- seiner Persönlichkeit,
- seiner Würde und seiner sozialen Situation

gerecht zu werden.

2. Welches Verständnis von Qualität herrscht vor?

Qualitätssicherung müsste folgende vier Dimensionen umfassen:

- die medizinisch-handwerkliche Qualität (Diagnose und Therapie)
- die medizinisch-ganzheitliche Qualität ("richtige" Therapie am "falschen" Patienten)
- die Würde des kranken Menschen wahren
- Einbeziehung der sozialen Situation des Patienten

3. Welche Position hat die Gruppe der Kranken mit der geringsten gesundheitlichen, persönlichen, sozialen und wirtschaftlichen Selbsthilfefähigkeit?

Soziale Qualität bedeutet, dass die Gesundheitspolitik einen Beitrag zur Vermehrung der gesunden Lebensjahre und zur Reduzierung der sozialen Ungleichheit bei Krankheit und Tod leistet. Jene Personengruppen, bei denen sich folgende Merkmale bündeln, sind gefährdet und bedürfen der größten Aufmerksamkeit:

- starke, meist chronische gesundheitliche Einschränkungen oder Behinderungen,
- alte Menschen,
- Angehörige der unteren Schichten, dh. Gruppen mit unterdurchschnittlichem Einkommen, niedrigem Bildungsniveau, geringer Sprachkompetenz;

Die Qualität der Krankenversorgung und -versicherung beeinflusst die Lebensqualität. Lebensqualität ist somit nicht nur subjektives Empfinden, sondern muß im Kontext von extrinsischen Indikatoren betrachtet werden. Die Lebensqualität kann wie folgt (5.4.2) gemessen werden.

Abbildung 20 Lebensherausforderungen

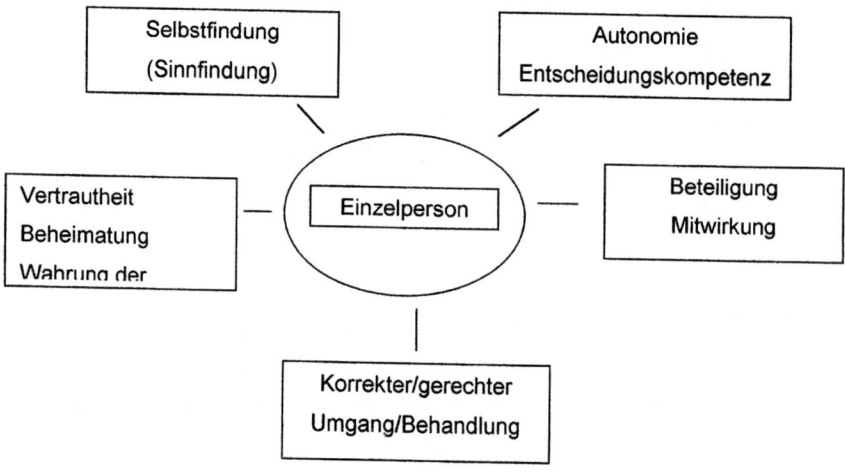

Quelle: Zapotoczky, 2001,

164

Als Basis für eine qualitative Krankenversorgung ist eine korrekte/gerechte Behandlung zu verstehen. Von steigender Lebensqualität kann man sprechen, wenn der Patient dem Arzt, der Pflegeperson etc. vertrauen und bei Entscheidungen über seine zB. Therapie mitbestimmen kann. Autonomie und Selbstfindung sind als Lebensherausforderung zu verstehen und als solche auch bei der stationären und ambulanten Versorgung anzustreben.

5.4.2 Skalen zur Messung der Lebensqualität

Gemessen werden meist bestimmte Teilaspekte des Gesamtkomplexes Gesundheit, um durch Messung dieser einzelnen Dimensionen, Aussagen über die Lebensqualität und damit letztlich auch über die subjektiv empfundene Gesundheit eines Menschen treffen zu können. Eine gängige Unterscheidung ist zB., die Lebensqualität in die Dimensionen physisches Befinden, soziale Einbindung und emotionale Situation zu unterteilen (vgl. Graf v. d. Schulenburg, 2000, 280f).

Tabelle 14 Dimensionen der Lebensqualität

Lebensqualität		
Physisches Wohlbefinden	**Soziale Eingebundenheit**	**Emotionales Wohlbefinden**
- Behinderungen	- Familie	- Isolation
- Arbeitsfähigkeit	- Abhängigkeit	- Niedergeschlagenheit
- Hausarbeit	von anderen	- Angst
- Schlaf	- Teilnahme am sozialen Leben	

Quelle: Walker, 1988, 153

Einige Instrumente ermitteln Lebensqualitätswerte direkt durch Befragung der Probanden; andere Instrumente gehen nicht auf diese Weise vor, sondern berechnen Lebensqualität indirekt durch Auswertung anderer Indikatoren zB.:

1. Bei der Rating-Skala-Technik werden die Probanden gebeten, einen bestimmten Gesundheitszustand auf einer Skala zwischen definierten Endpunkten zu bewerten. Ein Beispiel dafür ist die visuelle Analogskala des Euro-Qol-Fragebogen, bei dem die Befragten gebeten werden, verschiedene Gesundheitszustände auf einer Analogskala zwischen 0 und 100 einzuordnen, womit der bestmögliche und der schlechtest mögliche Gesundheitszustand gemeint sind. Auf diese Weise können Rating Skalen, die ordinale Rangordnung von Gesundheitszuständen wiedergeben, gebildet werden. Der Vorteil von Rating-Skalen ist vor allem in ihrer hohen Praktikabilität zu sehen, da sie wenig Erklärungsbedarf haben (vgl. Graf v. d. Schulenburg, 2000, 283f).

Der Euro-Qol-Fragebogen wurde in einer interdisziplinären Arbeitsgruppe - Ökonomen, Medizinern und Pflegern, Philosophen, Psychologen und Soziologen - fünf europäischer Institutionen, die sich mit Lebensqualitätsmessung beschäftigen, entwickelt. Seit 1987 wurde dieser Fragebogen von der Arbeitsgruppe mehrmals revidiert. Die Euro-Qol-Gruppe orientierte sich bei der Bildung der Dimensionen und der Technik der Lebensqualitätsmessung an bereits existierenden Instrumenten wie der Quality of Well Being Scale, dem Sickness Impact Profile, dem Nottingham Health Profile und der Rosser Matrix (vgl. Graf v. d. Schulenburg, 2000, 295).

2. Die folgenden Skalen ermöglichen eine Messung der Lebensqualität (vgl. A. Bowling, 1991,149ff):

- The Life Satisfaction Index A (LSIA) and Index B (LSIB)
- The Affect-Balance Scale (ABS)
- The Philadelphia Geriatric Center Morale Scale
- Delighted -Terrible Faces (D-T) Scale
- The (Psychological) General Well-Being Schedule (GWBS)

Skalen werden in der Medizinischen Soziologie häufig verwendet, um latente Konstrukte abzubilden, dh. Phänomene, die sich der direkten Beobachtung entziehen und die nur über Indikatoren erschließbar sind.

Entsprechend der Mehrdimensionalität des latenten Konstruktes werden verschiedene Testskalen benötigt. Die Items sind Bestandteil der Testskala "gesundheitsbezogene Lebensqualität"

Tabelle 15 Beispiel eines Likert-skalierten Meßinstrumentes (Lebensqualtität chronisch Kranker)

Wie gut waren Sie in den letzten 7 Tagen insgesamt in der Lage ...

L2. alle Anforderungen zu erfüllen, die an Sie im Beruf oder Haushalt gestellt werden

gar nicht	schlecht	mäßig	gut	sehr gut
0	1	2	3	4

L3. körperlich anstrengende Arbeiten zu verrichten

gar nicht	schlecht	mäßig	gut	sehr gut
0	1	2	3	4

L4. sich den ganzen Tag zu konzentrieren

gar nicht	schlecht	mäßig	gut	sehr gut
0	1	2	3	4

Quelle: Siegrist, 1995, 134

Anhand einer Testskala kann ein Score (Punktwert) ermittelt werden, der sich aus der Aufaddierung der einzelnen Antwort-Werte ergibt. Testskalen-Scores dienen somit der Quantifizierung nicht direkt beobachtbarer Merkmale, die Teil eines latenten Konstruktes sind (vgl. Siegrist, 1995, 134).

5.4.3 Skalen zur Messung des psychologischen Wohlbefindens während bzw. unmittelbar nach einem Krankenhausaufenthaltes

Zur Messung des psychologischen Wohlbefindens während bzw. nach einem Krankenhausaufenthaltes eignen sich nachstehende Skalen (vgl. A. Bowling, 1991,104ff):

-   Hospital Anxiety and Depression Inventory (HAD)
-   The Beck Depression Inventory (BDI)
-   The Geriatric Mental State (GMS)

Krankheitsspezifische Instrumente beziehen sich auf Symptome und Beschwerden, die in klinischen Studien zur Beobachtung des Verlaufs einer Krankheit erhoben werden, wie zB. die Häufigkeit von Komplikationen, die Heilungsdauer und Nebenwirkungen. Sie geben also nur Aufschluß über diejenigen Komponenten der Lebensqualität, die für eine bestimmte Erkrankung als wichtig erachtet wurden. Nicht alle spezifischen Meßinstrumente sind auf ein einziges Krankheitsbild festgelegt, sondern können auf bestimmte Bevölkerungsgruppen (zB. Kinder), auf Symptomgruppen (zB. Schmerz) oder Therapien (zB. Transplantationen) bezogen werden (vgl. Graf v. d. Schulenburg, 2000, 282f).

Welches Skalierungsverfahren anzuwenden ist, um bei der jeweiligen Fragestellung eine ausreichende Zuverlässigkeit, Gültigkeit und Trennschärfe zu erreichen, wird in der betreffenden Literatur ausführlich erörtert (vgl. Mayntz, R./Holm. K./Hübner, P. 1978).

Skalierungsverfahren eignen sich grundsätzlich für eine quantitative Erfassung, um jedoch genauere Angaben über das subjektive Empfinden von Lebensqualität bei zB. extramuraler Pflege erhalten zu können, kommt man kaum umhin explorativ zu forschen (offene Fragen stellen). Die Lebensqualität Kranker wird von verschiedenen Faktoren wie Krankheitsbild, pflegende Angehörige, Wohnsituation, extramurale

Versorgung beeinflußt und eignet sich für eine qualitative Untersuchung, da nur so noch andere Faktoren bekannt werden.

5.5   Verantwortungsstruktur und Kosten für das Gesundheitssystem

Gesundheitsreformen zielten in der Vergangenheit vor allem auf Ausgabenbegrenzungen ab und, eng damit verbunden, wie die verfügbaren knappen Ressourcen effizienter genutzt werden könnten (vgl. Rogal/Gauthier/Barrand 1993).

Zur Verringerung von Ausgabensteigerungen oder gar Ausgabensenkungen wird in einigen Staaten ökonomischen Evaluationsstudien und/oder Managed Competition große Bedeutung beigemessen. Zur Sicherung und Erhöhung der Qualität der medizinischen Versorgung soll Qualitätssicherung eingesetzt werden. Da medizinische Dienstleistungen nicht ausreichend definiert sind, besteht die Gefahr, dass Maßnahmen, die primär auf Ausgabensenkung abzielen, gleichzeitig mit unerwünschten Qualitätsminderungen einhergehen und umgekehrt münden Anstrengungen zur Verbesserung der medizinischen Leistungen leicht in unerwünschte Ausgabensteigerungen (vgl. Hellbrück, 1997, 143).

Die Verantwortungsstruktur im Bereich der Einlieferung, des Aufenthaltes und der Entlassung aus dem Krankenhaus beeinflusst die Kosten des Gesundheitssystems wesentlich, da sie für die Länge der Verweildauer bzw. die Wiedereinlieferung (Drehtüreffekt) des Patienten im Krankenhaus determinierend ist.

5.5.1 Kostensenkung durch Regelung der Verantwortungsstruktur im Bereich der Einlieferung und des Aufenthaltes im Krankenhaus

Ist die Verantwortungsstruktur im Bereich der Einlieferung ins Krankenhaus nicht ausreichend geregelt, kommt es zu Fehlbelegungen. Unter Fehlbelegung wird eine aus medizinischen Gründen nicht angemessene Nutzung des Krankenhauses verstanden. Die Unangemessenheit der Nutzung lässt (in der Terminologie des

Nutzungsgrades quasi eine Überdeckung der vorhandenen Betten) sich dabei in drei Bestandteile zerlegen (vgl. Kehr, 1988, 404ff):

- Unangemessenheit von Aufnahmen,
- Unangemessenheit von einzelnen Pflegetagen im Krankenhaus,
- Unangemessenheit der Versorgungsstufe im Krankenhaus.

Unangemessene Aufnahmen entstehen in Situationen, in denen eine medizinische Versorgung auch ambulant erfolgen hätte können und in denen eine Akutbehandlung im Krankenhaus zu keinem Zeitpunkt notwendig gewesen wäre.

Unter unangebrachten Pflegetagen werden solche Krankenhausaufenthaltstage verstanden, die durch Verzögerungen im Krankenhaus oder bei der Organisation der nachstationären Behandlung entstehen.

Schließlich werden unter einer unangemessenen Stufe der Versorgung im Akutkrankenhaus alle unter medizinischen Gesichtspunkten nicht angebrachten Einweisungen auf eine Intensivstation oder nicht notwendige Therapien verstanden (vgl. Lebok, 2000, 86). Unangemessene Stufe der Versorgung bedeutet auch, wenn der Patient stationär behandelt wird, obwohl eine ambulante Versorgung ausreichend wäre.

In Deutschland hat der Gesetzgeber eine Studie in Auftrag gegeben, um ein klares Bild über den Umfang von Fehlbelegungen zu erhalten. Dabei wurden repräsentative Krankenhausdaten ausgewertet. Als wichtigste Ursachen von Fehlbelegung wurden Gründe genannt, die mit der stationären Infrastruktur, mit wirtschaftlichen und sozialen Gründen der Patienten und mit den Aufnahmemodalitäten der Krankenhäuser in Verbindung standen (vgl. Infratest Gesundheitsforschung, 1988).

Auf die bundesdeutschen Akutkrankenhäuser hochgerechnet ergaben sich insgesamt 26,6 Millionen fehlbelegte Pflegetage (von insgesamt 144,5 Millionen) und 85.000 fehlbelegte Betten (von 461 000 insgesamt), dh. ca 18 Prozent der deutschen Krankenhausbetten sind fehlbelegt und verursachen Kosten von ca. 15,3 Mrd DM (auf der Basis 1998 vgl. Tabelle 16 Leistungsausgaben der gesetzlichen Krankenversicherung in Mrd. DM). Die Leistungsausgaben der deutschen gesetzlichen Krankenversicherung betrugen 1998 insgesamt 234,1 Mrd DM, für die Krankenhausbehandlung wurden davon 85,1 Mrd ausgeben. Die Kosten für fehlbelegte Betten betrugen 15,3 Mrd das entspricht 6,5 Prozent der Gesamtkosten der gesetzlichen Krankenversicherung.

Die Aufnahmemodalität hat sich bisher kaum geändert. Wie eine Studie des Medizinischen Dienstes der Spitzenverbände der Krankenkassen (MDS) in den Jahren 1994 und 1995 ergab, wurde ein zwanzigprozentiges Substitutionspotential in Krankenhäusern ermittelt, dh. bei mehr als 20 Prozent der Patienten, die vollstationär behandelt wurden, wäre die Aufnahme aus medizinischer Sicht vermeidbar gewesen (vgl. Lebok, 2000, 87f).

5.5.2 Kosten der Fehlbelegung im Jahr 1999 am Beispiel Oberösterreich

Wie zahlreiche Studien ergaben, ist die exorbitant hohe Fehlbelegung (vgl. 5.5.1) von ca. 20 % auch auf Österreich zu übertragen.

Seit 1997 wird in den oberösterreichischen Fondskrankenanstalten nach Diagnosen abgerechnet. Diese Diagnosen ergeben Verrechnungspunkte. Der Punktewert beträgt in Oberösterreich zB. für das Jahr 1999 0,63 Groschen/Punkt auf 2 Kommastellen gerundet. Mit den Krankenanstalten erfolgt eine exakte Abrechnung ohne Rundung. Nicht enthalten in diesem Punktewert ist die Abgangsdeckung. Der Punktewert ist daher nicht in allen Bundesländern gleich hoch.

In den oberösterreichischen Fondskrankenanstalten fielen im Jahr 1999 durchschnittlich 4.247 Punkte je Belagstag bzw. durchschnittlich 29.426 Punkte/Patient an. 1999 betrugen die Belagstage 2.560.092 und die Patientenanzahl belief sich auf 369.479.

Die Gesamtpunkte betragen 10.872.163.746 Punkte, abzüglich der nicht relevanten Punkte ergeben sich 10.407.674.648 abrechnungsrelevante Punkte. Zu den „nicht relevante Punkten" zählen jene Patienten die nicht sozialversichert sind (Selbstzahler und Ausländer, welche aus einem Land kommen, das kein Sozialversicherungsabkommen mit Österreich hat.)

Kosten der Fehlbelegung

20 % von 10.407.674.648 Punkten = 2.174.500.000 x 0,63 (ATS) =

<u>1.369.935.000 ATS ~ 1,4 Mrd.</u>

Durch die Fehlbelegung entstehen alleine im Land Oberösterreich Kosten von ATS 1.369.935.000,--. Durch eine rigorose Regelung der Verantwortungsstruktur im Bereich der Einlieferung ins Krankenhaus können alleine in Oberösterreich ca. 1, 4 Milliarden ATS jährlich gespart werden.

Die Regelung der Verantwortungsstruktur im Einlieferungsbereich muß aber einher gehen mit der Koordination im extramuralen Bereich und einer Entlassungsoptimierung, ansonsten können die Kosten von 1.4 Mrd. ATS nicht reduziert werden, da der Drehtüreffekt in Gang gesetzt wird.

Die Oberösterreichische Gebietskrankenkasse überwies im Jahr 2000 4,8 Mrd. Schilling an den Krankenanstaltenfond (vgl. Abbildung 22 Ausgabenstruktur 2000 (ca 16 Mrd) der Oberösterreichischen Gebietskrankenkasse). Die Fehlbelegung schlägt sich hierbei mit 1.4 Mrd. Schilling zu Buche und beträgt mehr als ein Viertel der Überweisungen der Oberösterreichischen Gebietskrankenkasse an die Krankenanstalten.

Abbildung 21 Einnahmenstruktur 2000 der Oberösterreichischen Gebietskrankenkasse

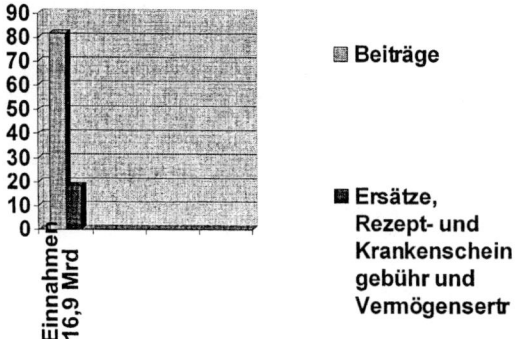

Quelle: Eigene Recherche

Abbildung 22 Ausgabenstruktur 2000 (ca 16 Mrd) der Oberösterreichischen Gebietskrankenkasse in Prozentangabe

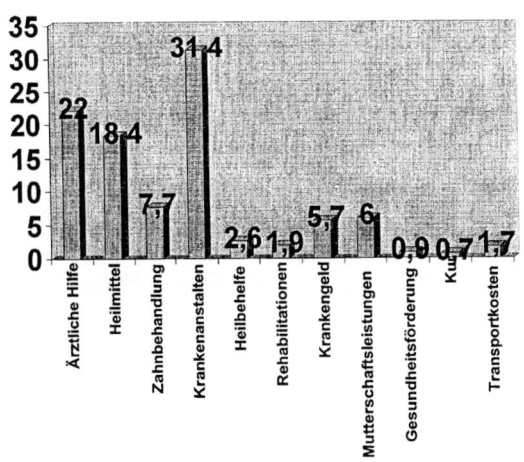

Quelle: Eigene Recherche

Durch die Regelung der Verantwortungsstruktur könnte die Fehlbelegung reduziert werden. Die Fehlbelegungen kosten ca 1,4 Mrd jährlich, das ist mehr als ein Viertel der Gesamtüberweisung (4,8 Mrd. Schilling) der Oberösterreichischen Gebietskrankenkasse an die Krankenanstalten.

Die nachfolgende Tabelle 16 Leistungsausgaben der gesetzlichen Krankenversicherung in Mrd. DM zeigt, wie sich die Ausgabenstruktur der gesetzlichen Krankenversicherung in unserem Nachbarland Deutschland, welches ein vergleichbares Gesundheitssystem hat, gestaltet.

Tabelle 16 Leistungsausgaben der gesetzlichen Krankenversicherung in Mrd. DM

Leistungsart	1992	1997	1998
Ärztliche Behandlung	33,4 (17%)	40,1 (17%)	40,8 (18%)
Zahnbehandlung und Zahnersatz	22,1 (11%)	23,3 (10%)	21,2 (9%)
Arzneimittel aus Apotheken	32,5 (16%)	32,0 (14%)	33,4 (14%)
Heil- und Hilfsmittel	13,0 (7%)	17,6 (8%)	18,2 (8%)
Krankenhausbehandlung	64,3 (32%)	82,8 (36 %)	85,1 (36%)
Krankengeld	12,6 (6%)	14,4 (6%)	13,8 (6%)
Sonstige Leistungen	21,6 (11%)	21,1 (9 %)	21,7 (9%)
Insgesamt	199,6 (100%)	231,4 (100%)	234,1 (100%)

Quelle: Hajen/Oaetow/Schumacher, 2000, 90

Die Krankenhausbehandlung verursacht in Deutschland ebenfalls den höchsten Anteil der Leistungsausgaben der gesetzlichen Krankenversicherung. Schon an dritter Stelle stehen jedoch die Ausgaben für Arzneimittel und verdienen somit besondere Beachtung.

Im Vergleich zu anderen Industriezweigen weist die Kostenstruktur in der Pharmaindustrie bei zwei Kostengruppen Besonderheiten auf und zwar bei den gesamten Vermarktungskosten und bei den Forschungs- und Entwicklungskosten (vgl. Tabelle 17 Kostenstruktur in der deutschen Arzneimittelindustrie).

Tabelle 17 Kostenstruktur in der deutschen Arzneimittelindustrie

Kostenarten	Anteil
Herstellung	39,0
Forschung und Entwicklung	19,4
Lizenzen	1,7
Wissenschaftliche Information	11,2
Werbung	3,9
Vertrieb	9,2
Verwaltung	8,4
Kalkulatorische Zinsen	1,8
Kostensteuern	2,4
Sonstige Aufwendungen	3,0

Quelle: Hajen/Paetow/Schumacher, 2000, 188

Der Forschungs- und Entwicklungsaufwand liegt mit annähernd 20 % vom Umsatz deutlich über dem Durchschnitt von technikintensiven Industriezweigen wie zB. Elektrotechnik (9,3 %) oder Feinmechanik/Optik (5,8 %) (vgl. Hajen/Paetow/Schumacher, 2000, 188).

5.5.3 Kostensenkung durch Regelung der Verantwortungsstruktur im Bereich der Entlassung aus dem Krankenhaus

Eine nicht ausreichend geplante Entlassung aus dem Krankenhaus führt zu dem teuren Drehtüreffekt (vgl. 3.1.3) dh. der Patient wird wieder ins Krankenhaus eingeliefert.

Die Oberösterreichischen Fondskrankenanstalten haben jeden Monat einen elektronischen Datensatz betreffend der abrechenbaren stationären Patienten zu liefern. In diesem Datensatz gibt es unter anderem auch ein Datenfeld, wo die Aufnahmeart abgefragt wird. Dort wird unterschieden, ob es sich um eine Neuaufnahme handelt oder ob der Patient innerhalb der letzten sieben Tage schon einmal mit der gleichen Hauptdiagnose in der gleichen Krankenanstalt stationär aufgenommen worden war (Auskünfte von dem OÖ Krankenanstaltenfonds, Erich Steininger).

"Verdeckte" Wiederaufnahmen:

- Wird der Patient in ein **anderes** als das ursprüngliche **Krankenhaus** eingeliefert, gilt er als Neuaufnahme, obwohl er eine Wiederaufnahme ist

- Wird der, vor allem bei älteren Menschen, oft multimorbide Patient mit einer **anderen Diagnose** als der ursprünglichen eingeliefert, gilt er als Neuaufnahme

- wird er **nach dem siebten Tag** der Krankenhausentlassung wieder eingeliefert, gilt er ebenfalls als Neuaufnahme.

Im Jahr 2000 wurden in Oberösterreich laut Auskunft vom OÖ Krankenanstaltenenfonds (Erich Steininger) ca. 20.000 Patienten innerhalb von zwei Wochen wieder ins Krankenhaus eingeliefert, davon sind 13.000 Patienten in der ersten Woche und 7.000 in der zweiten Woche wieder eingeliefert worden. Bei diesen 20.000 Wiederaufnahmen, sind die "Verdeckten" Wiederaufnahmen nicht berücksichtigt (anderes Krankenhaus oder andere Diagnose als bei der ersten Krankenhauseinlieferung).

Um die Wiedereinlieferung genau erfassen zu können. Muß der Patient bei der Aufnahme ins Krankenhaus befragt werden, ob er in den letzten zwei Wochen in einem anderen Krankenhaus mit welcher Diagnose stationiert war. Derzeit wird der Patient nur befragt, ob er in den letzten sieben Tagen mit der gleichen Hauptdianose in der gleichen Krankenanstalt aufgenommen worden war, nur wenn er beides bejaht, spricht man derzeit von einer Wiederaufnahme.

Kosten der Wiederaufnahme in Oberösterreich im Jahr 2000

Die durchschnittliche Verweildauer eines Patienten in oberösterreichischen Krankenhäusern beträgt acht Tage.

13.000 (Wiedereinlieferungen innerhalb von 1 Woche) x 8 (Ø Verweildauer) x 4247 (Ø Punkte je Belagstag) x 0,63 (ATS) = 363.880.000,- (ca 26 Mio Euro)

20.000 (Wiedereinlieferungen innerhalb von 2 Wochen) x 8 (Ø Verweildauer) x 4247 (Ø Punkte je Belagstag) x 0,63 (ATS) = 428.097.600,- (ca 31 Mio Euro)

Die Wiedereinlieferungen innerhalb einer Woche nach Entlassung aus dem Krankenhaus kosten alleine in Oberösterreich 363 Millionen Schilling jährlich, vergrößert man den Betrachtungszeitraum von sieben auf vierzehn Tage, dann entstehen bereits Kosten in der Höhe von 428 Mio. ATS.

Es soll noch einmal darauf hingewiesen werden, dass in diesen 428 Mio ATS jene Patienten nicht enthalten sind, die sich in anderes Krankenhaus einliefern lassen oder jene, die auf Grund ihrer Multimorbidität (vor allem bei älteren Patienten) mit einer anderen Diagnose eingeliefert werden.

Durch eine exakte Regelung der Verantwortungsstruktur kombiniert mit einer Vernetzung des extramuralen Bereiches können im Idealfall 428 Millionen Schilling gespart werden. Hiermit kann Teil 2 der Hypothese 1 bestätigt werden:

Die Regelung der Verantwortungsstruktur im intra- und extramuralen Bereich ist für die Gesellschaft von exorbitanter Bedeutung, da

-    aus soziologischer Sicht negative Folgen vermieden werden können. Schließlich wird jedes Gesellschaftsmitglied, als Patient oder Angehöriger, damit konfrontiert (bestätigt in 4.3).
-    volkswirtschaftliche Kosten reduziert werden können, indem man den Drehtüreffekt vermeidet.

In Oberösterreich will man die Vernetzung mit dem niedergelassenen Bereich vor allem durch die landesweite Einführung der Überleitungspflege realisieren und somit die Wiederaufnahmen wesentlich reduzieren. Bis 2003 plant die oberösterreichische Landesregierung in allen Krankenhäusern in Oberösterreich eine Überleitungspflege anbieten zu können.

Wie in der Pressekonferenz von Landesrätin Dr. Stöger im März bekanntgegeben wurde, wird - als Maßnahme zur Reduzierung der Wiederaufnahme ins Krankenhaus - mit September 2001 in Linz ein Lehrgang für Überleitungspflege gestartet, welcher im Oktober 2002 abgeschlossen sein wird. Der Lehrgang hat eine Gesamtdauer von 388 Stunden, davon 308 Stunden Seminare/Theorie und 80 Stunden Projektarbeit und Praktikum. Zielgruppe sind diplomierte Gesundheits- und Krankenschwestern/-pfleger mit mindestens zweijähriger Krankenhauserfahrung und/oder bereits praktizierende Überleitungspflegende. Der Veranstalter ist das Institut für Bildung im Gesundheitsdienst in Linz (office@ibg.or.at).

5.5.4 Externe Kontrolle von Leistungserbringern durch Peer Review Organizations (PROs)?

Medizinische Dienstleistungen sind a-priori nicht definiert. Welche Krankheit vorliegt, ob und welche medizinische Versorgung möglich ist, sind Gegenstände alltäglicher medizinischer Praxis. Die Angemessenheit einer Behandlung hängt unter anderem auch vom Gesundheitszustand des Patienten ab. Erst ex-post kann festgestellt werden, worin die medizinische Dienstleistung bestand und ob die medizinische Versorgung "adäquat" war. Dies ist der Ansatzpunkt externer Kontrolle der medizinischen Versorgung (vgl. Hellbrück,1997, 58 ff).

In den USA analysieren Peer Review Organizations mit Hilfe von Standards die Entlassungsdaten von Krankenhäusern und prüfen, ob die Behandlung notwendig war. Diese Analyse zielt vor allem auf die Reduzierung der Gesundheitsausgaben durch Vermeidung unnötiger medizinischer Versorgung ab. Die Entdeckung unterlassener adäquater medizinischer Versorgung wird hier nicht erwähnt, ist aber von enormer Bedeutung (vgl. Hellbrück, 1997, 59 f).

Krankenhauseinweisungen erfolgen nicht nur aus rein medizinischen Gründen, oft spielen soziale Faktoren eine wesentliche Rolle. Mason/Bedwell/Zwaag/Runyan (1980) führen 21 Prozent der untersuchten Krankenhausaufnahmen auf nicht-medizinische Gründe zurück. Solange außermedizinische Faktoren der Krankenhausaufnahme nicht in Standards zur Beurteilung der Versorgungsqualität eingehen und keine alternativen Versorgungseinrichtungen, ein wesentlicher Grund für die nicht-medizinische Krankenhausaufnahme, bereitstehen, ist die Beurteilung von Versorgungsqualität durch Peer Review Organizations fraglich.

In Österreich erfolgen durchschnittlich 40 Prozent der Krankenhauseinweisungen nicht durch eine Überweisung des niedergelassenen Arztes, sondern dadurch, dass der Patient selbst das Krankenhaus aufsucht. Auch heute 20 Jahre nach der o.a. Studie von Mason/Bedwell/Zwaag/Runyan ist immer noch ein hoher Prozentsatz der Krankenhausaufnahmen auf nicht medizinische Faktoren zurückzuführen. Es sind Überlegungen anzustreben, ob es nicht zielführend ist, die Einweisung ins Krankenhaus ausschließlich durch eine Überweisung des niedergelassenen Bereiches (wie in den Niederlanden), zu ermöglichen.

Das Punktesystem der LKF schafft zwar Anreize für eine nicht immer adäquate Behandlung bzw. Diagnose (bestimmte Diagnosen bringen mehr Punkte als andere Diagnosen mit ähnlichen Symptomen), dennoch sind Peer Review Organizations aufgrund ihrer einseitigen Zielsetzung nicht geeignet ein kostengünstiges und für

jeden - unabhängig seiner sozialen Situation - zugängliches
Gesundheitsversorgungssystem zu schaffen.

5.5.5 Verlagerung der Verantwortung auf Manged-Care-Organisationen

Managed Care und Disease Management haben im deutschen Gesundheitswesen
zu lebhaften Diskussionen geführt. Viele Entscheidungsträger sind in die USA
gereist, um sich ein Bild von dieser neuen Waffe im Kampf um Kostensenkung und
Qualitätssteigerung zu machen. Bei der Rückkehr aus den USA waren die wenigsten
begeistert (vgl. Weiss, 1997, 86).

Managed-Care-Organisationen schließen mit ihren Auftraggebern, in den meisten
Fällen Arbeitgebern oder größeren Versicherungen, Zwei- bis Dreijahresverträge ab.
Sie verpflichten sich, auf Basis unterschiedlicher Honorierungsformen die
Verantwortung für den gesamten Behandlungsprozeß zu übernehmen. Der
Behandlungsprozeß besteht aus einer limitierten und definierten Anzahl von
Behandlungsschritten. Der Prozeß ist in sich abgeschlossen und regelt Aufnahme
und Überweisung an andere Prozesse über sogenannte Gates (Tore). Für das
Management gibt es in diesem Prozeß zwei Hauptaufgaben:

- Gate Management
- Prozeßmanagement

Beim Gate Management kommt es darauf an, in der Aufnahmephase solche
Patienten zu selektieren, die den Behandlungsprozeß nur in geringem Maße
belasten werden bzw. bereit sind, einen entsprechend hohen Beitrag zu zahlen. Die
Überweisung an Spezialisten oder das Einweisen in Krankenhäuser haben sich in
der Praxis als äußerst wichtige Steuerungsmechanismen im Management der
Prozeßeffizienz (mit dem Hauptziel der Kostensenkung) erwiesen.
Prozeßverantwortung wird in den meisten Fällen für eine regionale Kundengruppe
übernommen. Zur Prozeßoptimierung wird die Standardisierung herangezogen.

Hauptsächlich die Standardisierung ist immer wieder insbesondere von der Ärzteschaft stark kritisiert worden. Die in Guidelines definierten Behandlungsschemata wurden als "Kochbuch-Medizin" verteufelt (vgl. Weiss, 1997, 88f).

Auch in Deutschland wird zunehmend auf die Steigerung der Prozeßeffizienz durch Standardisierung gesetzt. Es gibt ISO-Zertifizierung von Krankenhäusern - vor allem aber "freiwillige" Standardisierungsmaßnahmen, die mittels sogenannten Qualitätszirkel und Qualitätsmanagement-Workshops erworben werden können.

Einer der weitreichendsten und elaboriertesten Versuche, Behandlungsprozeße durch Standardisierungen zu optimieren, findet sich in den Konzepten der Evidence Based Medicine. Die Grundlage der Evidence Based Medicine bilden fundierte wissenschaftlich-medizinische Studien. Nur was "wissenschaftlich erwiesen" ist, soll in die Standardisierungsrichtlinien einfließen.

Durch diese Art der Standardisierung wird gewährleistet, dass die Standards die global bestmögliche medizinische Kompetenz widerspiegeln. Auch wenn vieles für Evidence Based Medicine spricht, darf man nicht vergessen, dass sie zwei Schwachstellen hat (vgl. Weiss, 1997, 90ff):

- verschiedene Lehrmeinungen
- Individualisierung von Kundenwünschen

Zum einen gibt es eine Fülle von unterscheidlichen Lehrmeinungen, zum anderen ist ein gesamtgesellschaftlicher Trend zur Individualisierung zu beobachten. Patienten wollen nicht mehr in Standardprozesse gesteckt und abgearbeitet werden. Sie legen Wert auf Individualität und diese lässt sich nur schlecht mit standardisierten Prozeßoptimierungswerkzeugen vereinen.

Die Verlagerung der Verantwortung auf Managed-Care-Organisationen hat einen hohen Preis, den Verlust der Individualität des Patienten und ist somit keine Lösung.

Wie sich Individualität in der Krankenversorgung auf die Lebensqualität und den Genesungsprozeß auswirken, wurde in 5.4 analysiert.

.

5.6 Verantwortungsstruktur und Konsequenzen für den niedergelassenen Bereich (Honorierungssysteme)

Das derzeitige Anreizsystem verursacht Konkurrenzsituationen zwischen dem stationären und ambulanten Bereich und ist somit eine Ursache für eine Schnittstelle, anstatt einer Nahtstelle zwischen den intra- und extramuralen Bereichen.

Eine schematische Übersicht der ökonomischen Anreize für Anbieter, Konsumenten und Adminstratoren gibt folgende Tabelle 18 Ökonomische Anreize für Anbieter, Konsumenten und Adminstratoren im Gesundheitswesen".

Tabelle 18 Ökonomische Anreize für Anbieter, Konsumenten und Adminstratoren im Gesundheitswesen

Anreize	Anbieter	Konsumenten	Administratoren
monetäre	zB. Honorare, Arzneimittel-höchstbeträge	zB. Selbstbeteiligung, Beitragsrückgewähr	zB. Gehälter, Prämien
nicht-monetäre	zB. numerus clausus, Versorgungsricht-linien	zB. Wartezeiten	zB. Titel, Machteinfluß
Normen	zB. ärztliche Ethik	zB. Solidaritäts-verhalten, moral suasion	zB. Beamtenkodex, Vorschriften

Quelle: Graf v. d. Schulenburg, 2000, 31

Soll "ambulant vor stationär" nicht nur ein Lippenbekenntnis sein, dann müssen auch die Mittel so verteilt werden, dass der niedergelassene Bereich, der in Zukunft mit höheren Anforderungen konfrontiert wird, mehr Mittel zur Verfügung hat.

Das österreichische Anreizsystem ist derzeit so strukturiert, dass dem stationären Sektor mehr finanzielle Anreize als dem ambulanten Sektor zukommen. Solche Finanzierungsstrukturen sind kommunikationshemmende Faktoren. In der Folge wird der Patient manchmal als "Konfliktmittel" benutzt, indem der Spitalsarzt die Therapie etc. des niedergelassenen Arztes oder umgekehrt stark in Frage stellt und die Professionalität des Kollegen bezweifelt. Machtkämpfe, die am Rücken des Patienten ausgefochten werden, sind für den Patienten besonders unangenehm und kontraproduktiv, da er dadurch ratlos und hilflos wird. Diese Machtkämpfe verzögern eine rasche Genesung des Patienten.

Konkurrenzdenken im Sinne von "besser sein als der andere" ist nur so lange fair, als der Patient darunter nicht leidet, dh. durch gezügelte Konkurrenz kann der Patient durchaus profitieren, indem ihm die optimale Qualität zukommt. Geht der Konkurrenzkampf jedoch soweit, dass einer den anderen "ausspielt", dann kommt der Patient zwischen diese Zahnräder, die ihn dann zermürben und sicherlich nicht zu einem schnellen Heilungsprozeß beitragen.

Die finanziellen Mittel müssen so verteilt werden, dass der niedergelassene gegenüber den stationären Bereich nicht weiters benachteiligt wird, denn der niedergelassene Bereich wird in Zukunft mit höheren Anforderungen konfrontiert werden und eine optimale Vernetzung zwischen intramuraler und extramurale Versorgung kann nur bei einer "win-win-situation" erreicht werden. Den Patienten einfach früher aus dem Krankenhaus entlassen ohne für eine funktionierende Vernetzung zur sorgen ist verantwortungslos und muß daher abgelehnt werden.

5.6.1 Verantwortungsbarrieren im traditionellen Gesundheitsbereich

Das Feld des Gesundheitswesens bietet derzeit noch das Bild von einer Gruppe von Einzelkämpfern. Jeder für sich allein, und oft jeder gegen jeden. Dies gilt sowohl innerhalb der einzelnen Segmente der Behandlungskette, verstärkt aber noch zwischen dem stationären und dem ambulanten Bereich (vgl. Baumberger, 2001, 191).

Die Rolle des niedergelassenen Arztes und insbesondere der Grundversorgungsärzte wird sich in Zukunft insofern ändern, dass aus dem Solisten, der in erster Linie dafür da war, in einer medizinischen Einzelsituation eine Einzelentscheidung zu fällen, ein Teil einer Gruppe werden muß, der eine breitere Verantwortung übernehmen muß. Beide Aspekte, sowohl die neuen Verantwortungszusammenhänge als auch die Tatsache, im Rahmen eines größeren Verbundes zu handeln, stellen den niedergelassenen Arzt vor vielfältige Herausforderungen.

Im traditionellen Gesundheitswesen ist die medizinische und wirtschaftliche Verantwortung klar getrennt (vgl. Abbildung 23 Verantwortungsbarrieren im traditionellen Gesundheitsbereich). Wenn jeder Akteur nur für sich denkt, ist das nicht zielführend. Weder die Krankenversicherer, die eine "ökonomische Polizeirolle" übernehmen, noch eine Medizin, die fern von jeder wirtschaftlichen Verantwortung versucht, den Einsatz medizinischer Methoden und Techniken zu maximieren, werden zum gewünschten, für alle Seiten akzeptablen Ergebnis, führen.

Abbildung 23 Verantwortungsbarrieren im traditionellen Gesundheitsbereich

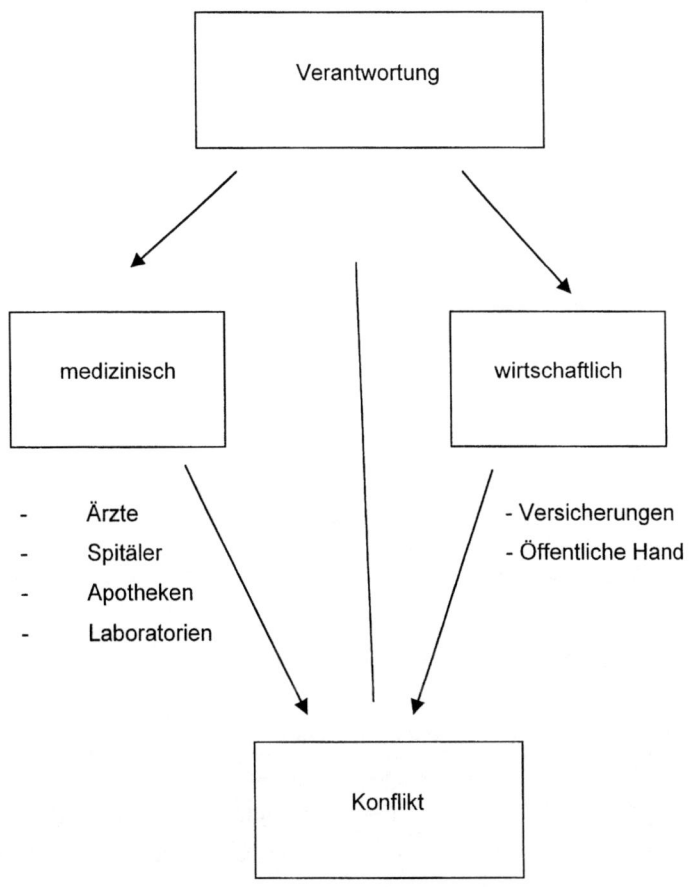

Quelle: Baumberger, 2001, 55

Die Übernahme wirtschaftlicher Verantwortung ist eines der heftig diskutierten Themen, wenn es um den Aufbau von Gesundheitsnetzen und Hausarztversicherungen geht. Dabei wird oft argumentiert, es sei "unethisch", wenn die medizinische Entscheidung des Arztes durch wirtschaftliche Überlegungen mit beeinflusst wird. Die Anreize eines Einzelleistungstarifs sowie die hohe Tarifierung technischer Dienstleistungen verleiten oft dazu, im Zweifelsfalle zusätzliche Leistungen durchzuführen oder der apparativen Medizin vor der Betreuung und dem Gespräch den Vorzug zu geben (vgl. Baumberger, 2001,187).

Im Kontext der sozialen Sicherstellung der Grundversorgung ist es unverantwortlich, wenn einzelne Akteure in der Medizin ohne Rücksicht auf die Gesamtversorgung eine Maximalmedizin betreiben (vgl. Baumberger, 2001,188).

Dem niedergelassenen Arzt kommt immer mehr auch die Funktion des "Gatekeepers" zu. Der Gatekeeper navigiert den Patienten im Krankheitsfall durch das Gesundheitssystem. Er überweist ihn gegebenenfalls an andere Ärzte oder ins Krankenhaus (vgl. Baumberger, 2001, 229).

5.6.2 Vergütungs-/Entlohnungssysteme

Grundsätzlich sind zwei Formen der Bezahlung für Leistungen möglich. Bei der leistungsbezogenen Honorierung wird der Dienstleister abhängig von anhand bestimmter Kriterien gemessenen Leistungen honoriert. Zu dieser Gruppe von Honorierungen zählen tätigkeitsbezogene Honorierungsmodelle, Bonussysteme, aber auch Honorierungsformen, die an bestimmte Ergebnisse und Qualitätskriterien gekoppelt sind. So ist es in Managed Care-Strukturen nicht unüblich, die Ärzte dafür zu honorieren, dass sie kostengünstig therapiert haben.

Bei der zweiten Form der Honorierung wird eine feste Summe angesetzt, die relativ unabhängig von der tatsächlichen Leistung ist (leistungsunabhängige Honorierung). Beispiele dafür sind monatliche Gehälter, aber auch die Pro-Kopf-Prämie, die den

Managed Care-Organisationen für die medizinische Versorgung von Patienten monatlich zugesprochen wird.

Abbildung 24 Vergütungs-/Entlohungssysteme

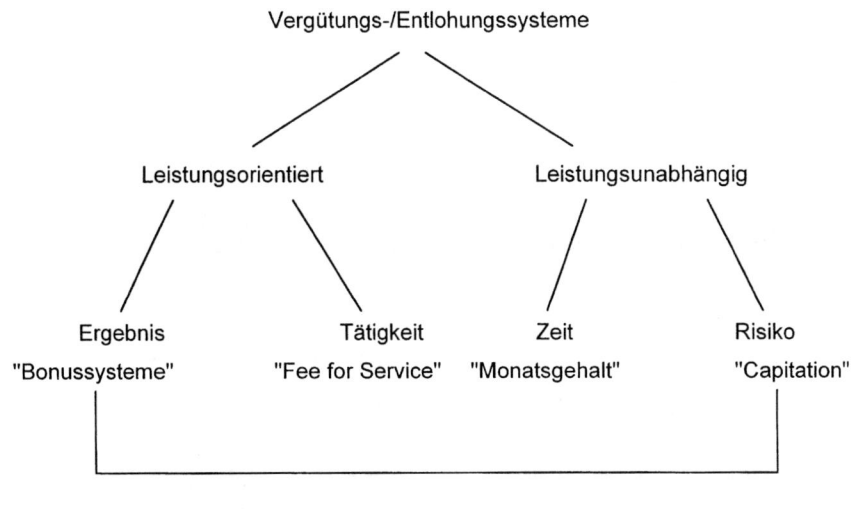

Vergütungs-/Entlohungssysteme

Leistungsorientiert   Leistungsunabhängig

Ergebnis   Tätigkeit   Zeit   Risiko
"Bonussysteme"   "Fee for Service"   "Monatsgehalt"   "Capitation"

Überlappung

Quelle: Weiss, 1997, 94

Leistungsbezogene Honorierung ist nur dann sinnvoll, wenn folgende Kriterien erfüllt sind:

- Das Ergebnis der Tätigkeit ist unzweideutig und einfach zu messen.
- Der Leistungserbringer kann den Prozeß, nach dessen Ergebnis er gemessen wird, im hohen Maße selbst kontrollieren.
- Prozeß-Input und Prozeß-Output sind über einen gewissen Zeitraum stabil.

Während leistungsbezogene Honorierung aus medizinischer Sicht, durch den Einsatz von "Guidelines" mehr als zweifelhaft erscheint, kann sie aber im Kostenmanagement durchaus effektiv eingesetzt werden. Abhängig von seiner Leistung erhält derjenige Arzt, der niedrige Kosten verursacht hat, meist gegen Jahresende eine Sonderausschüttung aus einem Bonustopf. Der Unterschied dieser leistungsorientierten Entlohnung zum Modell "Fee For Service" (Honorierung für Tätigkeit) ist deutlich. Nicht die Tätigkeit, sondern das Ergebnis zählt. Während beim tätigkeitsbezogenen Modell die Arbeit entlohnt wird, honoriert das ergebnisorientierte Modell das Ergebnis der Arbeit (vgl. Weiss, 1997, 95).

Leistungsunabhängige Entlohnungs- oder Honorierungsformen sind in vielen Bereichen den leistungsabhängigen überlegen. Wenn vor allem komplexe Tätigkeiten durchgeführt werden sollen, die Eigeninitiative erfordern und nicht immer klar definierbare Ergebnisse produzieren, ist leistungsbezogene Entlohung fehl am Platz. Zudem kommt es häufig vor, dass das Ergebnis der Tätigkeit nur in geringem Maße kontrolliert werden kann, zB bei Schwerkranken.

Alle Honorierungssysteme haben ihre Schwachstellen. Systeme, in denen Tätigkeiten honoriert werden, tendieren dazu, dass die Dienstleister versuchen, das "Maximale aus dem Patienten herauszuholen". Wiederholte Einbestellung von Patienten und unnötige Untersuchungen sind die Folge. Systeme, die Ergebnisse (insbesondere Kostenreduktion) honorieren, zeigen nicht selten selektionierende Eigenarten. Schwierigen und damit kostenintensiven Patienten wird durch unfreundliches und abweisendes Verhalten der Zugang erschwert. Weiterhin wird nicht selten versucht, solche Patienten schnell zu überweisen oder ganz aus dem Versorgungssystem herauszudrängen. Im ersten Fall erhält der Patient etwas, auch wenn er es nicht braucht oder es ihm nicht guttut. Im zweiten Fall muß der Arzt rechtfertigen, wieso er Untersuchungen und therapeutsiche Maßnahmen ablehnt. Dies ist sicherlich nicht nur für den Patienten, sondern auch für den Arzt unangenehmer als eine uferlose Leistungsausweitung (vgl. Weiss, 1997, 96).

5.7 Verantwortungsstruktur - Messung von Outcome

Outcome wird im Gesundheitssektor überwiegend mit folgenden Methoden gemessen:

- Total Quality Management ist ein Paradigma im Management von Organisationen, die in Konkurrenz zueinander stehen, und wird zunehmend auch im Gesundheitssektor angewandt (vgl. Hellbrück, 1997, 56 ff).

- Weiters kann Benchmarking als Vergleich der Leistungsfähigkeit von Unternehmen anhand von spezifischen Kenngrößen dienen.

- Activity Based Costing ist das Controlling-Werkzeug prozeß- und kundenwertorientierter Organisationen und stellt eine Rückbesinnung auf fundamentale Grundlagen der Kostenrechnung dar (vgl. Weiss, 1997, 190).

Im Anschluß an die Messung des Outcomes muß strategisches Denken die Kluft von Heute auf Morgen überwinden helfen.

5.7.1 Probleme der Output- bzw. Outcome-Erfassung

Die Probleme, welche sich bei der Erfassung von Output- bzw. Outcome im Gesundheitsbereich ergeben, seien in nachfolgender Tabelle 19 Kosten medizinischer Therapieverfahren nach Zurechenbarkeit und Tangibilität" dargestellt.

Tabelle 19 Kosten medizinischer Therapieverfahren nach Zurechenbarkeit und Tangibilität

	direkte Kosten	indirekte Kosten
tangibel	Kosten des ärztlichen und pflegerischen Dienstes	Verringerung der gesamtwirtschaftlichen Produktivität
intangibel	Schmerzen bei der Behandlung	Einbuße an Lebensqualität wegen zB. Gefahr der Ansteckung

Quelle: Graf v. d. Schulenburg, 2000, 245

Als intangible Kosten werden gesundheitliche Einschränkungen aufgrund von Schmerzen oder anderer Leiden verstanden, welche die Folge einer Krankheit bzw. Behandlung sind. Sie sind direkt nicht monetär meßbar, da sie auf Märkten nicht handelbar sind und somit auch keinen Marktpreis haben. Wenn eine Behandlung dazu beiträgt, die intangiblen Kosten einer Krankheit bei Patienten zu senken oder ganz zu vermeiden, werden diese Wirkungen intangible Nutzen genannt (vgl. Wille, 1997).

Die bislang gebräuchlichsten Maßzahlen für das Ergebnis ärztlicher und pflegerischer Bemühungen sind Mortalität und Morbidität. Es ist allerdings zweifelhaft, ob dies adäquate Maßzahlen für den Gesundheitszustand von Patienten oder der Gesamtbevölkerung sind. So ist zwar beispielsweise die Zahl der Tage, die ein Arbeitnehmer wegen Krankheit von seinem Arbeitsplatz ferngeblieben ist, einer der am weitest verbreiteten nicht-biologischen Indikatoren zur Messung des Gesundheitszustandes. Diese Maßzahl ist aber nur von sehr begrenztem Wert, da sie stark vom Alter und dem ökonomischen Umfeld beeinflusst ist (vgl. Graf v. d. Schulenburg, 2000, 278f).

Im Gesundheitsbereich gestaltet es sich besonders schwierig den Nutzen und auch die indirekten Kosten zu erfassen. In der Folge werden die gebräuchlichsten Methoden zur Messung des Outcomes von Organisationen des Gesundheitswesens dargestellt.

5.7.2 Definition von Total Quality Management

TQM basiert auf einer neuen Zuordnung von Aufgaben und Kompetenz der Organisationsmitglieder und der Messung von Outcome und Prozeß mittels Benchmarking (vgl. McLaughlin-Kaluzny, 1990).

Im Vergleich zu bisherigen Organisationen werden Entscheidungsbefugnisse von höherer Ebene auf untere Ebenen verlagert. Nicht einzelnen Organisationsmitgliedern wird Verantwortung übertragen, sondern Teams übernehmen Verantwortung (vgl. Hellbrück, 1997, 56 ff).

5.7.3 Differenzierung von Qualitätssicherung und TQM

Ein wesentlicher Unterschied zwischen Qualitätssicherung und TQM besteht darin, dass im TQM die medizinische Versorgung als Dienstleistung angesehen wird. In der Qualitätssicherung wird implizit oder explizit davon ausgegangen, dass es einen bestmöglichen Produktionsprozeß gibt, der so lange Gültigkeit beanspruchen kann, bis ein besserer Standard gefunden ist (vgl. McLaughlin-Kaluzny, 1990).

Durch Qualitätssicherung wird überprüft, ob der Standard eingehalten wurde oder nicht. Bei Nichteinhaltung des Standards werden Qualitätssicherungsmaßnahmen ergriffen, das Vorgehen ist somit zielorientiert. Demgegenüber stellt TQM den Weg der Qualitätsverbesserung in den Vordergrund, die Ziele können sich in Abhängigkeit des Konkurrenzprozesses jederzeit ändern (vgl. Hellbrück, 1997, 57 ff).

5.7.4 Benchmarking

Benchmarking wird als wichtiges Instrument zur ständigen Qualitätskontrolle von Outcome und Prozeß eingesetzt. Benchmarking steht für verschiedene Methoden statistischer Vergleiche zwischen der eigenen Leistung im Vergleich zu der Leistung des besten Konkurrenten, wobei mit Hilfe expliziter Standards entschieden wird, was eine gute und was eine schlechte Prozeßqualität ist. TQM kann somit als Instrument zur Implementierung wie zur Durchsetzung expliziter Standards angesehen werden.

Die Probleme, die sich bei der Übertragung von TQM auf das Gesundheitsversorgungssystem ergeben, sind folgende:

- die Organisationen müssen in Konkurrenz zueinander stehen
- Qualitätsunterschiede müssen für den Patienten ersichtlich sein, damit sich die Patienten veranlasst sehen, zum besseren Leistungserbringer abzuwandern.

Beide Voraussetzungen (Konkurrenz und Wahrnehmung von Qualitätsunterschieden) treffen im Gesundheitswesen in nur sehr abgeschwächter Form zu. Dies gilt insbesondere für Aspekte der klinischen Versorgung, die bei der Anwendung von TQM im Gesundheitswesen im Vordergrund stehen (vgl. Hellbrück, 1997, 57 ff).

Die amerikanischen Erfahrungen zeigen aber: je mehr der Wettbewerb zunimmt, desto mehr verwandelt sich der Inhalt des Begriffes Qualität in Zufriedenheit nur derjenigen Patientengruppen, um die konkurriert wird. Die Qualitätssicherung dem Wettbewerb zu überlassen, heisst also, die Bemühungen auf diejenigen Patienten zu konzentrieren, die die höchste Rentabilität versprechen und zugleich ihre Kundeninteressen am besten durchsetzen können, die das geringste Krankheitsrisiko haben und die großzügigste Versicherung (vgl. Kühn, 1995, 31).

Damit der Patient in Zukunft Qualitätsunterschiede wahrnehmen kann, schlägt der Wiener Ärztekammerpräsident vor, dass ein Gütesiegel, wie es in der Wirtschaft üblich ist, unter strikter Wahrung der Freiwilligkeit - eingeführt werden soll (vgl. Dorner, 2001, 7). Dieses Gütesiegel ist vor allem für den niedergelassenen Bereich vorgesehen. Nur jener Arzt bekommt für seine Praxis diese Auszeichnung, der

- an fachspezifischer Fort- und Weiterbildung teilnimmt,
- die Arzthelfer aus- und weiterbildet,
- eine gut organisierte Terminverwaltung hat etc.

Dieses Gütesiegel schafft die Voraussetzungen für eine Übertragung von TQM auf das Gesundheitsversorgungssystem.

Ende 2001 können in Deutschland Krankenhäuser das Gütesiegel "Kooperation für Transparenz und Qualität im Krankenhaus" (KTQ) erwerben.

5.7.5 Projekt "Benchmarks im Aufnahme- und Entlassungsmanagement"

In einem Kooperationsprojekt der Strukturkommission (vertreten durch das Bundesministerium für Arbeit, Gesundheit und Soziales) haben 11 Modellkrankenhäuser Benchmarks für das Aufnahme- und Entlassungsmanagement erarbeitet, die wissenschaftliche Begleitung des Kooperationsprojektes erfolgte durch das Ludwig Boltzmann-Institut für Medizin- und Gesundheitssoziologie:

- LKH Oberwart
- LKH Klagenfurt
- LKH Tulln
- AKH Linz
- KH Zell am See
- LKH Leoben
- LKH Innsbruck - Universitätsklinken
- LKH Feldkirch
- Donauspital im SMZ Ost der Stadt Wien
- Hanusch-Krankenhaus
- KH der Elisabethinen Linz

Für den Prozess der Aufnahme sowie der Entlassungsvorbereitung werden folgende Benchmarks als Vergleich herangezogen (vgl. Qualität im Krankenhaus, 1999, 4):

Benchmarks Aufnahme:

- Warten während der administrativen Aufnahme, in der Ambulanz und auf der Station
- Information der PatientInnen zu den Wartezeiten
- Zuwendung/einfühlsamer Umgang mit PatientInnen
- Kooperation unterschiedlicher Berufsgruppen bei der Aufnahme ins Krankenhaus
- Nutzen und Nutzung von Standards und Richtlinien zur Regelung des Ablaufs der Aufnahme
- Aufnahmeplanung
- administrative Aufnahme

Benchmarks Entlassungsvorbereitung und Entlassung

- Information der PatientInnen während der Entlassungsvorbereitung
- Kooperation unterschiedlicher Berufsgruppen im Krankenhaus im Zuge der Entlassungsvorbereitung
- Schulung der PatientInnen und der Angehörigen
- Zuwendung und aktiver Einbezug der PatientInnen
- Entlassungstermin
- Nutzen und Nutzung von Standards und Richtlinien zur Regelung des Ablaufs der Entlassung(-svorbereitung)
- Kommunikation mit nachbetreuenden Diensten
- Arztbrief

Die Benchmarks wurden anhand verschiedenster Erhebungsinstrumente erarbeitet. Mitarbeiter der Modellkrankenhäuser wurden zur ihrer Einschätzung des Aufnahme- und Entlassungsmanagements sowie zu Problembereichen befragt und eingeladen, Verbesserungsvorschläge zu äußern. Für den niedergelassenen Bereich wurden ebenfalls Fragebögen erstellt. Die PatientInnenbefragung forcierte die Zufriedenheit aus Patientsicht in den fünf für das Aufnahme- und Entlassungsmanagement entscheidenden Phasen (vgl. Qualität im Krankenhaus, 1999, 4):

- Prästationäre Phase/Zuweisung
- Aufnahme
- Entlassungsvorbereitung während der stationären Phase
- Entlassung
- poststationäre Phase

Bei dem Kooperationsprojekt wurden 896 Fragebögen der PatientInnenbefragung in die statistische Auswertung aufgenommen, die Ergebnisse sind repräsentativ.

Die Basis von TQM ist die neue Zuordnung von Aufgaben und Kompetenzen. Die Verantwortung kann auf Teams oder Einzelpersonen übertragen werden. Eine gut organisierte Verantwortungsstruktur ist somit eine Grundvoraussetzung für die Qualitätsverbesserung.

5.7.6 Activity Based Costing

Activity Based Costing (ABC) ist prozeßnahes Kostenmanagement. Das Grundprinzip ist, dass nicht Abteilungen Kosten verursachen, sondern wertsteigende Prozesse. Die Kosten werden einzelnen Prozeßelementen zugeordnet (vgl. Weiss, 1997, 191).

Abbildung 25 ABC-Kostenstruktur einer Krankenhausambulanz bei der Behandlung grippaler Infekte veranschaulicht das Prinzip von Activity Based Costing.

Abbildung 25 ABC-Kostenstruktur einer Krankenhausambulanz bei der Behandlung grippaler Infekte

Prozeßschritte:

| Stammdaten-erfassung | Warten | Ärztliche Untersuchung u.Verordnung | Rechnung stellen |

Costdriver:

| Kontaktzeit (min) mit Krankenschwester | Wartezeit | Kontaktzeit(min) mit Arzt | Anzahl der Rechnungen |

Costpool:

Personal:	2000,-		Personal	1000,-	Personal	500,-
Räume und		Räume 100,-	Räume und		Räume und	
Geräte	800,-		Geräte	1000,-	Geräte	50,-
Sonstiges	200,--		Sonstiges	500,-	Sonstiges	50,-
pro Tag	3000,-	pro Tag 100,-	pro Tag	2500,-	pro Tag	600,-

Kapazität pro Tag:

| 30 h (1800 min) 3 Schwesterntage | 100 Wartestd.(6000min) | 10 h (600min) 1 Arzttag | 8 h (96 Rg) 12 Rg/Std. |

Costfactor:

| 1,7 | 0,02 | 4,2 | 6,3 |

Beispiel "Herr Meyer"

| 10 min 17 DM | 30 min 0,60 DM | 15 min 63,- DM | 1 Rechnung 6,30 DM |

Quelle: Weiss, 1997, 193

Bei diesem Beispiel würde der Optimierungshebel bei den 15 Minuten, die ein Arzt für die Behandlung eines grippalen Infektes benötigt, einsetzen. Es wird die Frage gestellt, wie kann der Arzt in einer kürzeren Zeit adäquat und qualitativ hochwertig den Patienten versorgen? Ursachen können beispielsweise sein, dass der Arzt jedes Mal von seiner weit entfernten Station abgerufen werden muß und zehn Minuten seiner Zeit auf dem Weg zur und von der Ambulanz aufwendet. Ein weiterer Grund könnte sein, dass der Arzt auch bei der Behandlung eines banalen Infektes einen komplizierten und eigentlich nur für Notfälle gedachten Anamnesebogen ausfüllen muß (vgl. Weiss, 1997, 194).

Die Stärke von ABC liegt nicht so sehr in der absoluten Größe der errechneten Kosten, sondern vielmehr in dem Aufzeigen von Optimierungsmöglichkeiten. Nicht Kostenreduktion, sondern die Gestaltung von Prozessen, die zur Kostenreduktion führen, sollen das Ziel von ABC sein.

5.7.7 Strategisches Denken und Lernende Organisationen (LOs) als Werkzeug für die Veränderung organisationeller Strukturen im Gesundheitswesen

Erst wenn durch eine intensive Beschäftigung mit der Zukunft und der Gegenwart tragfähige Fundamente in Organisationen des Gesundheitswesens entstanden sind, kann ein strategisches Seil gespannt werden, das auch tragfähig ist (vgl. Weiss, 1997, 213).

Abbildung 26 Strategisches Denken

Heute   **Zukunft**

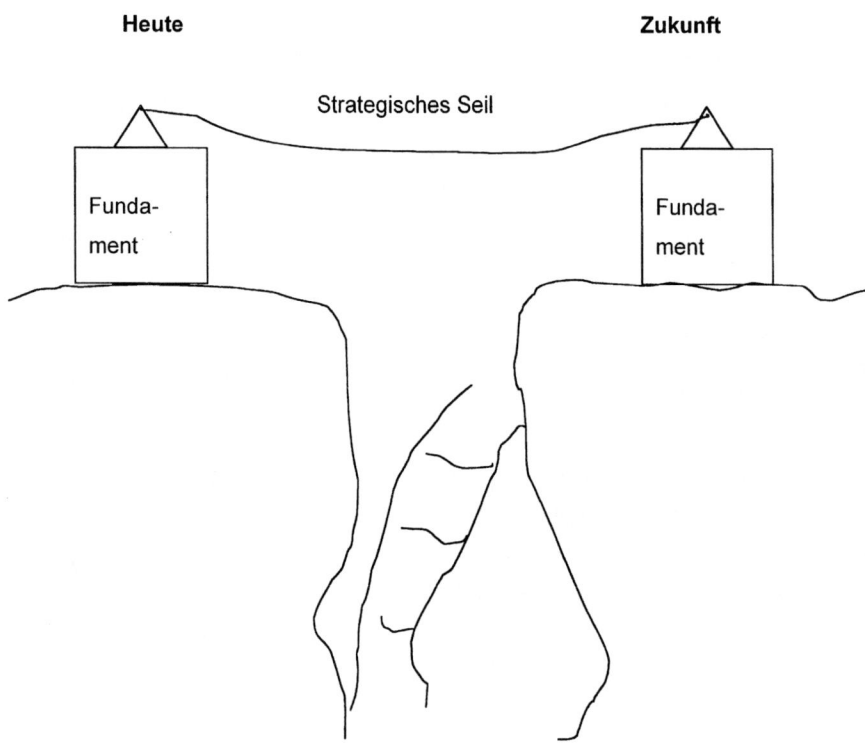

Quelle: Weiss, 1997, 213

Ziel ist es, im Unternehmen "strategisches Denken" zu etablieren, das Manager und Mitarbeiter in die Lage versetzt, risikobereit, aber mit Bedacht, Althergebrachtes zu hinterfragen und neue Räume zu öffnen.

Lernende Organisationen können das Werkzeug sein, um organisationelle Strukturen im Gesundheitswesen zu verändern. Das Konzept der lernenden Organisation basiert auf einer Metapher. Die Metapher legt zugrunde, dass Organisationen sich gleichsam wie Organismen verhalten, dass sie also in der Lage sind, Bewusstsein zu entwickeln und zu lernen. Wichtig ist hierbei, dass die Organisation als Ganzes, als Einheit durch einen Lernprozeß geht und Lernen nicht nur auf der Ebene der einzelnen Mitarbeiter erfolgt. Die Dynamik, die lernende Organisationen in der Lösung der Probleme von morgen haben können, ist immens. Lernende Strukturen sind nicht nur besser in der Lage, sich an Veränderungen der Umwelt anzupassen, sie sind zudem auch eher fähig, durch kreatives Gestalten ihre Umwelt und Zukunft maßgeblich mitzubestimmen (vgl. Weiss, 1997, 222f).

Abbildung 27 Indikatoren Lernender Organisationen (LO)

- Neues Wissen und Methoden
- Wissensweitergabe
- Aktionen und Experimente
- Kalkuliertes Risiko

- Prozeßorientierung
- Entmachtetes mittleres
  Management
- Entpersonifizierung von
  Erfolg (keine Helden)

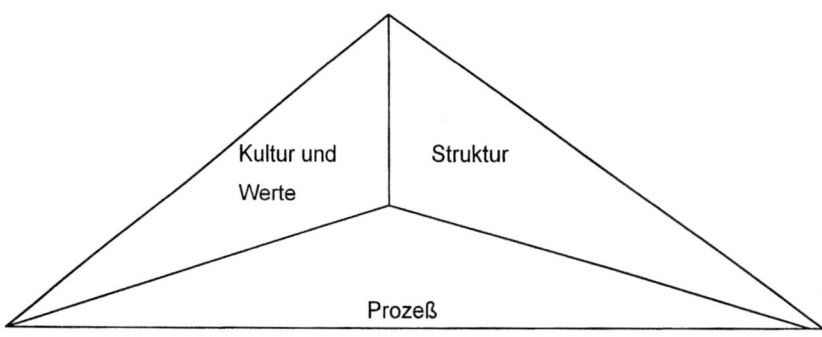

- Flexibilität und Projektarbeit
- Knowledge Hubs und Netzwerke

Quelle: Weiss, 1997, 224

Für LOs gilt: "Der Weg ist das Ziel." Die Denkweise "So haben wir das schon immer gemacht" hat in LOs nichts zu suchen. Neues Wissen und neue Methoden müssen geschätzt werden. Nicht mehr derjenige, der Wissen besitzt, sondern derjenige, der Wissen weitergibt, ist angesehen und geschätzt. Prozesse von LOs zeichnen sich durch Flexibilität und Projektarbeit aus. "Knowlege Hubs" sind Mitarbeiter oder Organisationseinheiten, die Informationen und Initiativen verteilen. Die Organisationsstruktur zeichnet sich durch ein weitgehend entmachtetes mittleres Management aus. Die Entscheidungsfindung ist prozeßnah und umgeht traditionelle hierarchische Strukturen (vgl. Weiss, 1997, 224).

Verkrustete Strukturen im Gesundheitswesen können dann aufgebrochen und verbessert werden, wenn ähnlich wie bei der "Lernenden Organisation" vorgegangen wird:

-   Kultur und Werte müssen überdacht werden.
-   Denkweisen wie: "Das haben wir schon immer so gemacht" müssen verabschiedet und durch Flexibilität ersetzt werden.
-   Die einzelnen Akteure sollen belohnt werden, wenn sie ihr Wissen weitergeben und lernen zu kooperieren anstatt zu konkurrieren.

Unser Gesundheitswesen wird in Zukunft hohen Anforderungen gerecht werden müssen. Die Vernetzung von intramuralen und extramuralen Bereichen mit genau definierten Verantwortungsstrukturen ist für die Stärkung des Gesundheitswesens von morgen unumgänglich und schafft die Basis für ein tragfähiges Fundament.

6 Zusammenfassung

Das Gesundheitswesen ist ein Gegenstand von höchster sozialpolitischer Relevanz und muß in diesem Sinne, in einer institutionell geregelten Weise, stets im Dienste der sozialen Sicherheit aller besonders auch jener Menschen stehen, die auf Grund ihrer sozialen und wirtschaftlichen Lage nicht imstande sind, sich selber zu helfen.

Eine Vernetzung der einzelnen Akteure im Gesundheitssystem, sowie eine klare Festlegung der Verantwortung sind als Trends in den europäischen Gesundheitssystemen festzustellen (vgl. Baumberger, 2001, 85f). Der mündige Patient will mitentscheiden, wenn es um seine Gesundheit geht.

Kritiker des nationalen Gesundheitswesens verwenden gerne internationale Vergleiche, um zB. den "Nachteil" nationaler Krankenhäuser zu unterstreichen, wobei nur selten ein Wort darüber verloren wird, ob die Berechnungsformeln identisch sind oder ob die Gesundheitssysteme überhaupt miteinander vergleichbar sind. Auf keinen Fall können die österreichischen Krankenhäuser (wobei auch Reha-Einrichtungen mit vergleichsweise hoher Verweildauer enthalten sind) überlanger Krankenhausaufenthalte bezichtigt werden (vgl. Lebok 2000, 191ff).

Folgende Schwierigkeiten ergeben sich beim Vergleich internationaler Gesundheitssysteme:

- Manche Länder rechnen zB. den **Tag der Spitalsentlassung** zur Verweildauer hinzu, andere nicht.

- **Null-Tagespatienten** zählen in den wenigsten EU-Staaten zu den stationären Patienten. In Österreich werden diese teilweise zu den stationären Patienten gezählt.

- Die **Notfallsbetten** werden ebenfalls nicht einheitlich dem stationärem Bereich zugewiesen.

- Weder der Todestag noch der Tag der Verlegung in eine andere Klinik unterliegen einer einheitlichen Regelung, in manchen Ländern werden sie zur Verweildauer gezählt in anderen Ländern nicht.

- Es existieren verschiedene Typen von Institutionen (Pflegeheime, Altenheime etc.), die keiner einheitlichen Erfassung (stationär vs. ambulant) unterliegen.

- Bei einem Kostenvergleich der Spitäler ist zu beachten, dass beispielsweise in Deutschland die **Gehälter der Krankenhausärzte** zu den Spitalskosten gezählt werden, in anderen Ländern nicht.

Von einer Kostenexplosion der Gesundheitsausgaben in Österreich, wie sie in der politischen Diskussion immer wieder als Schreckensbild an die Wand gemalt wurde, um die Forderung nach drastischen Einschnitten in Sozialleistungen zu untermauern, kann nicht die Rede sein. Das Ranking der WHO zeigt, dass Österreich bei den Gesundheitsausgaben der europäischen Industriestaaten im Mittelfeld liegt (vgl. 3.4).

Die Versorgungssituation im ambulanten Bereich in Österreich ist gekennzeichnet durch (vgl. ÖBIG, 1999, IV):

- Das Angebot ist **regional ungleich verteilt**, und zwar bestehen bedeutende Unterschiede zwischen den Bundesländern und in einigen Ländern auch zwischen den Bezirken.

- Die **Qualifikationsstruktur** des Pflege- und Betreuungspersonals - das heisst der Anteil der Berufsgruppen - **unterscheidet sich** sehr zwischen den Bundesländern (ohne Wien). Die Tätigkeitsfelder der Berufsgruppen sind nicht bundesweit vergleichbar.

Dem Krankenhaus kommt eine Substitutionsfunktion zu, denn es fängt Patienten auf, die aufgrund infrastruktureller Defizite der ambulanten Versorgung und durch sie verursachter Diskontinuitäten nicht zu Hause versorgt werden. Diese Substititionsfunktion wird heute unter dem Stichwort "Fehlbelegung" diskutiert, wobei übersehen wird, dass es die angedeuteten Strukturdefizite und nicht die Patienten sind, die dieses Phänomen hervorrufen, und dass das Krankenhaus in Österreich traditionellerweise stets mehr als medizinische Behandlungsfunktionen hatte.

Durch diese "Fehlbelegungen" entstehen alleine im Land Oberösterreich Kosten von ca 99,5 Mio Euro bzw. ATS 1.369.935.000,-- (vgl. 5.5.2) jährlich. Es gibt also erheblichen Handlungsbedarf.

Die Regelung der Verantwortungsstruktur im Einlieferungsbereich muß einhergehen mit der Koordination im extramuralen Bereich und einer Entlassungsoptimierung, ansonsten können die Kosten von 1.4 Mrd. ATS nicht wirksam reduziert werden, da der Drehtüreffekt in Gang gesetzt wird.

Je kürzer die Patienten in der Institution Krankenhaus verweilen müssen, desto geringer die Gefahr des Diskulturationsprozesses (Verlernprozeß) und somit des Autonomieverlustes (vgl. 4.1).

Die **Hypothese 1:**

Teil 1: "Die Regelung der Verantwortungsstruktur im intra- und extramuralen Bereich ist für die Gesellschaft von exorbitanter Bedeutung, da aus soziologischer Sicht negative Folgen vermieden werden können."

wurde mit der Abhängigkeitsspirale bestätigt.

Die Abhängigkeitsspirale (vgl.4.3) veranschaulicht, welchen circulus vitiosus das Pendant der Autonomie - die Abhängigkeit - verursacht. Sowohl die Stärken-Autonomie-Spirale, als auch die Abhängigkeits-Spirale stellen eine Weiterentwicklung der Theorien von Goffman (Totale Institution) und Seligman (Erlernte Hilflosigkeit) dar. Der Genesungsprozeß wird durch einen gesteigerten

Lebenswillen in vielen Fällen beschleunigt, somit können Patienten früher aus dem stationären Bereich entlassen werden, wenn sie ihre Autonomie bewahren können.

Es wurden Patiententypen eruiert, welche die Eigenverantwortung ablehnen bzw. anstreben. Vier von fünf Patiententypen fordern die Eigenverantwortung, sie verwehren die Kooperation, wenn der Arzt über Ihre Köpfe hinweg entscheidet.

Bis auf den ängstlich-abhängigen Patiententypus bevorzugen alle Patiententypen die Autonomie und Eigenverantwortung. Wird trotzdem über ihre Köpfe hinweg entschieden, dann sind sie nicht zur Kooperation bereit. In der Folge wechseln sie den Arzt und lassen dieselbe Untersuchung nochmals durchführen. Vier von fünf Patiententypen genesen schneller, wenn ihnen Autonomie zukommt. Nur ein Patiententypus - der ängstlich-abhängige Patient - verzichtet auf jegliche Mitsprache und lehnt Autonomie ab.

Die Berücksichtigung der Eigenverantwortung ist von enormer Bedeutung, da

-   einerseits die gesamtgesellschaftlichen Kosten einer Doppeluntersuchung vermieden werden und
-   andererseits bei einem Großteil der Patienten, veranlasst durch die Zufriedenheit, der Genesungsprozeß beschleunigt wird (vgl. 4.3 Stärken-Autonomie-Spirale).

Zu den Ergebnissen der Expertenbefragung im In- und Ausland können zusammenfassend folgende Trends festgestellt werden (vgl. 5.3.1):

-   **positive Konsequenzen der Autonomie des Patienten auf den Genesungsprozeß (100 %)**
-   Befürwortung der Überleitungspflege (75 %)
-   Eigenverantwortung führt zur Qualitätssteigerung (50 %)

Die **Hypothese 2**: "Es existieren verschiedene Patiententypen, die Autonomie und Eigenverantwortung ablehnen bzw. befürworten. Je nach Patiententyp wird durch die

Autonomie der Genesungsprozeß beeinflusst." dieser Arbeit kann somit bestätigt werden.

Die Verantwortungsstruktur ist im intramuralen Bereich deshalb wichtig, da durch die Hospitalisierung soziale Netze zerstört werden können. Es muß unbedingt eine Verantwortungsstruktur geschaffen werden, dh. eine Person im Krankenhaus muß einerseits dafür verantwortlich sein zu klären, wer vor der Einlieferung in das Krankenhaus für den Patienten gesorgt hat - der Patient kommt zB. vom "betreuten Wohnen" oder wurde von den Kindern oder von Mobilen Diensten versorgt - und andererseits muß auch ein Verantwortlicher bei den extramuralen Diensten ernannt werden, der mit dem Krankenhaus kommuniziert. Modelle, wie die Verantwortungsstruktur geregelt werden kann, wurden im Kapitel (5.2.3) gezeigt. In Oberösterreich wird derzeit von den politisch Verantwortlichen der Ansatz der Überleitungspflege als besonders geeignet betrachtet.

Fehlen verantwortliche Personen, die für die Transferierung nach Hause und speziell dafür zuständig sind, die Angehörigen rechtzeitig über die Entlassung zu informieren, kann der volkswirtschaftlich teure Drehtür-Effekt (vgl. 5.1) aktiviert werden.

Die Wiedereinlieferungen innerhalb einer Woche nach Entlassung (= Drehtüreffekt) aus dem Krankenhaus kosten alleine in Oberösterreich 363 Millionen Schilling (ca 26 Mio Euro), vergrößert man den Betrachtungszeitraum von sieben auf vierzehn Tage, dann entstehen Kosten in der Höhe von 428 Mio. ATS (ca 31 Mio Euro). Hiermit kann Teil 2 der **Hypothese 1** bestätigt werden:

Die Regelung der Verantwortungsstruktur im intra- und extramuralen Bereich ist für die Gesellschaft von exorbitanter Bedeutung da,

- **Teil 1:** aus soziologischer Sicht negative Folgen vermieden werden können. Schließlich wird jedes Gesellschaftsmitglied, als Patient oder Angehöriger, damit konfrontiert (bestätigt in 4.3).
- **Teil 2:** volkswirtschaftliche Kosten reduziert werden können, indem man den Drehtüreffekt vermeidet.

Es soll noch einmal darauf hingewiesen werden, dass in diesen 428 Mio ATS jene Patienten nicht enthalten sind, die sich in ein anderes Krankenhaus einliefern lassen oder jene, die auf Grund ihrer Multimorbidität (vor allem bei älteren Patienten) mit einer anderen Diagnose eingeliefert werden (vgl. 5.5.3).

Durch eine exakte Regelung der Verantwortungsstruktur kombiniert mit einer Vernetzung von intramuralem und extramuralem Bereich können im Idealfall 428 Millionen Schilling gespart werden. In Oberösterreich will man die Vernetzung mit dem niedergelassenen Bereich vor allem durch die landesweite Einführung der Überleitungspflege realisieren und damit die Wiederaufnahmen wesentlich reduzieren. Bis 2003 plant die oberösterreichische Landesregierung in allen Krankenhäusern in Oberösterreich eine Überleitungspflege anbieten zu können. Um diesen Plan verwirklichen zu können startet im September 2001 ein Lehrgang für Überleitungspflege, welcher im Oktober 2002 abgeschlossen sein wird.

Ist die Verantwortungsstruktur im Bereich der Einlieferung ins Krankenhaus nicht ausreichend geregelt, kommt es zu Fehlbelegungen. Unter Fehlbelegung wird eine aus medizinischen Gründen nicht angemessene Nutzung des Krankenhauses verstanden. Die Unangemessenheit der Nutzung lässt sich dabei in drei Bestandteile zerlegen (vgl. Kehr, 1988, 404ff):

- Unangemessenheit von Aufnahmen,
- Unangemessenheit von einzelnen Pflegetagen im Krankenhaus,
- Unangemessenheit der Versorgungsstufe im Krankenhaus.

Unangemessene Aufnahmen entstehen in Situationen, in denen eine medizinische Versorgung auch ambulant erfolgen hätte können und in denen eine Akutbehandlung im Krankenhaus zu keinem Zeitpunkt notwendig gewesen wäre.

Unter unangebrachten Pflegetagen werden solche Krankenhausaufenthaltstage verstanden, die durch Verzögerungen im Krankenhaus oder bei der Organisation der nachstationären Behandlung entstehen.

Schließlich werden unter einer unangemessenen Stufe der Versorgung im Akutkrankenhaus alle unter medizinischen Gesichtspunkten nicht angebrachten Einweisungen auf eine Intensivstation verstanden (vgl. Lebok, 2000, 86).

In dieser Arbeit wurden 7 Modelle (Tabelle 12 Pro und Kontra verschiedener Entlassungsmodelle mit unterschiedlichen Zielsetzungen) vorgestellt, wie die Verantwortungsstruktur bei einer optimalen Entlassung geregelt werden kann. Bei 5.2.3.1 Abteilung für Aktivierende Pflege am LKH Steyr, 5.2.3.2 Überleitungspflege und 5.2.3.3 Übergangspflege handelt es sich um verschiedene **Entlassungsformen**, wobei bei den Modellen 5.2.3.4 "Discharge-manager" 5.2.3.5 Case manager und in 5.2.3.6 Entlassungsteam, die **Personenzuständigkeit** geregelt wird und im Punkt 5.2.3.7 Geriatrisches Assessment die Entlassungsform für eine **bestimmte Patientengruppe** dargestellt wird.

Soll "ambulant vor stationär" nicht nur ein Lippenbekenntnis sein, dann müssen auch die Mittel so verteilt werden, dass der niedergelassene Bereich, der in Zukunft mit höheren Anforderungen konfrontiert wird, mehr Mittel zur Verfügung hat.

Das österreichische Anreizsystem ist derzeit so strukturiert, dass dem stationären Sektor mehr finanzielle Anreize als dem ambulanten Sektor zukommen. Das Feld des Gesundheitswesens bietet derzeit noch das Bild von einer Gruppe von Einzelkämpfern. Jeder für sich allein, und oft jeder gegen jeden. Dies gilt sowohl innerhalb der einzelnen Segmente der Behandlungskette, verstärkt aber noch zwischen dem stationären und dem ambulanten Bereich (vgl. Baumberger, 2001, 191).

Lernende Organisationen können das Werkzeug sein um organisationelle Strukturen im Gesundheitswesen zu verändern. Die Dynamik, die lernende Organisationen in der Lösung der Probleme von morgen haben können, ist immens.

Literaturverzeichnis

Aggleton, P. (1990): Society now. Health. London. Routledge.

Arnold, M. (1993):„Die Rolle des Akutkrankenhauses im Versorgungssystem der Zukunft", in: Badura Bernhard, Feuerstein G., Schott T. „System Krankenhaus, Arbeit, Technik und Patientenorientierung", Juventa Verlag, Weinheim und München.

Atteslander, P. (2000): Methoden der empirischen Sozialforschung. 9. Aufl. Berlin: Walter de Gruyter.

Barolin, G. (1991): Unser Gesundheitssystem auf dem Prüfstand. Wien: Maudrich.

Bauer, P. (1996): Bedarfsgerechte Gesundheitsversorgung in Österreich. Zur intramuralen und extramuralen Vernetzung von gemeindenahen Pflegesystemen. Linz: Universitätsverlag Trauner.

Baumberger, J. (2001): So funktioniert Managed Care. Anspruch und Wirklichkeit der integrierten Gesundheitsversorgung in Europa. Stuttgart: Thieme Verlag.

Bennett, A.C. (1978): Improving Management Performance in Health Care Institutions. Chicago.

Bowling, A. (1991): Measuring health. A review of quality of life measurement scales. Philadelphia: Milton Keynes.

Bundesministerium für Arbeit und Soziales (1994): Altern in Europa. Schriftenreihe "Soziales Europa". Wien.

Buß, E./Schöps, M. (1979): Kompendium für das wissenschaftliche Arbeiten in der Soziologie. Heidelberg: Quelle & Meyer.

Deppe, H.U/Friedrich, H./Müller, R. (1995): Qualität und Qualifikation im Gesundheitswesen. Frankfurt/Main: Campus Verlag.

Dickinger, G. (1999): Vom Krankenversicherer zum Gesundheitssicherer. Schriften der Johannes Kepler Universität Linz. Reihe B Wirtschafts- und Sozialwissenschaften. Bd 35. Linz: Trauner Verlag.

Dreßler, M. (2000): Kooperation von Krankenhäusern. Eine Fallstudienanalyse von Kooperationsprojekten. Betriebswirtschaftliche Forschungsergebnisse. Bd. 116. Berlin: Duncker & Humblot.

Eurostat Jahrbuch 2001. Der statistische Wegweiser durch Europa. Luxemburg:

Flemmich, G./Ivansits, H. (1994): Einführung in das Gesundheitsrecht und in die Gesundheitsökonomie. Wien: ÖGB.

Fournier, V. (1992): The Hospital of the Future, Paper für die WHO-Konferenz in Linköping. Hospital.

Fülöp, G. (2000): Österreichisches Bundesinstitut für Gesundheitswesen Jahresbericht 1999. Wien: ÖBIG.

Gampenrieder, W. (2000): Schnittstellen-Untersuchung intramurale und extramurale Pflege am Landeskrankenhaus Steyr. Linz: Diplomarbeit.

Goffman, E. (1973): Asyle. Über die soziale Situation psychiatrischer Patienten und anderer Insassen. Frankfurt am Main. Suhrkamp.

Hajen, L./Paetow, H./Schumacher, H. (2000): Gesundheitsökonomie. Strukturen - Methoden - Praxisbeispiele. Hamburg. Kohlhammer.

Heim, E./Willi, J. (1986): Psychosoziale Medizin. Berlin: Springer Verlag.

Heimerl, K. (2000): Autonomie erhalten. Eine qualitative PatientInnenbefragung in der Hauskrankenpflege. S 102-165 in: Seidl/Stankova/Walter (Hrsg.). Pflegewissenschaft heute, Band. 6. Autonomie im Alter. Wien: Maudrich.

Hellbrück, R. (1997): Qualität und Ausgaben in der medizinischen Versorgung. Von Qualitätssicherung und Kosteneffizienz zu Konkurrenz im Gesundheitswesen? Volkswirtschaftliche Schriften Heft 473. Berlin: Duncker & Humblot.

Hillmann,K.H.(1994): Wörterbuch der Soziologie. Begründet von Hartfiel, G. Stuttgart: Kröner.

Hofmarcher, M. (1997): Das Gesundheitswesen in Österreich. Neue Trends und neue Fakten. Reihe Soziologie No. 19. Wien: Institut für Höhere Studien.

Infratest Gesundheitsforschung/Klar, R. (1988): Untersuchung des Umfangs von Fehlbelegungen in Akutkrankenhäusern. Bonn: BMAS.

Kehr, H. (1988): Krankenhaus-Fehlbelegung. Gründe, Hintergründe und Ausmaß von Fehlbelegungen in bundesdeutschen Krankenhäusern. S 404-408 in: Die Ortskrankenkasse 70.

Köhle, K., C. Simons, B. Kubanek (1986): Die Institutionalisierung der psychosom. Medizin im klein. Bereich. S 406 in: Uexküll, Th. von (Hrsg.): Psychosom. Medizin. München-Wien-Baltimore: Urban & Schwarzenberg.

König, R. (1965): Strukturwandlungen unserer Gesellschaft und einige Auswirkungen auf die Krankenversicherung. S 115 - 134. In: König, R./Tönnesmann, M. (Hrsg.).Problem der Medizin-Soziologie. KZfSS. Sonderheft 3. Aufl. 3. Köln. Westdeutscher Verlag.

Kytir, J. /Münz, R. (1992): Hilfs- und Pflegebedürftigkeit im Alter - empirische Evidenzen in: Kytir, J./Münz, R. (Hrsg.). Alter und Pflege. Argumente für eine soziale Absicherung des Pflegerisikos. Schriftenreihe Gesundheitsökonomie 3. Wien.

Kühn, H. (1995): Gesundheitspolitik ohne Ziel: Zum sozialen Gehalt der Wettbewerbskonzepte in der Reformdebatte. S 11 - 35. In: Deppe, H.U/Friedrich, H./Müller, R. (Hrsg.): Qualität und Qualifikation im Gesundheitswesen. Frankfurt/Main: Campus Verlag.

Lahmann, N./Pieper, E./Otto. G (1998): Modell Niederlande. S 249 - 266. In: Kollak, I. und Pillen A. (Hrsg.).

Landenberger, M./ Ortmann, J. (1999): Pflegeberufe im europäischen Vergleich. Expertise der Berufs- und Ausbildungssituation in der Alten-, Kranken- und Behindertenpflege. In: Arbeitsmarktpolitische Schriftenreihe der Senatsverwaltung für Arbeit, Berufliche Bildung und Frauen. Band 37. Berlin: BBJ Verlag.

Lebok, U. (2000): Die Auswirkungen der demographischen Entwicklung auf die Krankenhausverweildauer in Deutschland. in: Dinkel, R./Huinink, J./Vaupel, J. (Hrsg.). Rostocker Beiträge zur Demographie. Bd. 1. Berlin: Duncker & Humblot.

Luhmann, N. (1968) Vertrauen. Ein Mechanismus der Reduktion sozialer Komplexität. Stuttgart: Enke Verlag.

Mayer, K.U./Baltes, P.B. (1999). Die Berliner Alterstudie. 2.Aufl. Berlin: Akademie Verlag.

Mayntz, R./Holm, K./Hübner, P. (1978): Einführung in die Methoden der empirischen Soziologie. Opladen.

Mayring, P. (1990): Einführung in die qualitative Sozialforschung. Eine Anleitung zu qualitativem Denken. München: Psychologie Verlag.

Mason, W.B/Bedwell, C.L:/Zwaag, R.V./Runyan, J.W.J (1980): Why People Are Hospitalized. A Description of Preventable Factors Leading to Admission for Medical Illness. Medical Care XVIII.

MCLaughlin, C.P./Kaluzny, A.D. (1990): Total quality management in health: Making it work. Health Care Management Review 1990.

Murphy, S. (1993): The United Kingdom. S 211 - 234. In: Quinn, S./Russel, S. Nursing - the European Dimension. Scutari Press. Harrow.

ÖBIG (1999): Dienste und Einrichtungen für pflegebedürftige Menschen in Österreich. Übersicht über die Bedarfs- und Entwicklungspläne der Länder. Wien.

OECD (1985): Social Policy Studies No. 2. Measuring Health Care 1960-1983. Expenditure, Costs and Performance. Paris.

ÖBIG (2000): ÖBIG Jahresbericht 1999. Wien

OECD (1996): Health Data.

OECD (1996): Health Systems. Facts and Trends 1960 - 1991, Vol 1, Paris OECD 1993.

OECD Economic Surveys (1997): Austria 1997, Paris OECD 1997

Parsons, T. (1951): The Social System. New York: The Free Press.

Radner, A. (1993): Tagesklinik. Sozial- und gesundheitspolitische Bedeutung, Rechtsgrundlagen , Sozial- und Privatversicherungs Aspekte. Linz: Trauner Verlag.

Ridder, P. (1988): Einführung in die Medizinische Soziologie. in: Studienskripten zur Soziologie. Scheuch, E.K./Sahner, H. (Hrsg.).Stuttgart: Teubner.

Rogal, D.L./Gauthier, A.K./Barrand, N.L. Managing the Health Care System Under a Global Expenditure Limit. A Workshop Summary. Inquiry 1993. 318-322.

Rosenberger-Spitzy, A. (1996): Vom Pflegeheim zum Geriatriezentrum - eine Neuorientierung in: Zapotoczky, K./Grausgruber, A./Mechtler, R. (Hrsg.): Gesundheit im Brennpunkt. Initiativen zur Sicherung der Lebensqualität. Band 5. Wien: Maudrich.

Rosian, I. (1995): Gesundheitsausgaben - Eine Bestandsaufnahme, unveröffentlichter Rohbericht für den Beirat für Wirtschafts- und Sozialfragen, ÖBIG.

Rössler, W./Salize, H.J. (1996): Die psychiatrische Versorgung chronisch psychisch Kranker. Daten, Fakten, Analysen. Baden-Baden: Nomos-Verlag.

Rubisch. M. (1998): Die Umsetzung der Pflege-Vereinbarung zwischen Bund und Ländern. S 941 - 945 in: Soziale Sicherheit 12/1998.

Rüschmann; H.H./Roth, A./Krauss, C. (2000): Vernetzte Praxen auf dem Weg zu managed care. Aufbau - Ergebnisse - Zukunftsvision. Kiel: Springer Verlag.

Schachenhofer, B. (1997): Gesundheitsbewusstsein versus Selbstbeteiligung. Über die Notwendigkeit einer Bewusstseinserweiterung hinsichtlich unserer Gesundheit. Linz: Trauner.

Schieber, G./Poullier, J.P.(1990): Overview of international comparisons of health care expenditures in: OECD (Hrsg.). Health Care Systems in Transition. Social Polica Studies No. 7.

Schaeffer, D. (1995): Integration von ambulanter und stationärer Versorgung,

Schaeffer, D. (2000): Bruchstellen in der Versorgung chronisch kranker alter Menschen. Die Entlassung aus dem Krankenhaus. S 11-35 in: Seidl/Stankova/Walter (Hrsg.). Pflegewissenschaft heute, Band. 6. Autonomie im Alter. Wien: Maudrich.

Schneider, M. (1998): Gesundheitssysteme im internationalen Vergleich, Übersichten 1997. Augsburg.

Schmidt, S.L:/Galli, H. (1998). Neuorientierung im Gesundheitswesen. Innovative Strategien zur Verbesserung des Gesamtleistungsprozesses. Wiesbaden: Gabler.

Schulenburg Graf v. d., J.-M./Greiner, W. (2000): Gesundheitsökonomik. Tübingen: Mohr Siebeck.

Schulz, R. & Aderman, D (1973): Effect of resindential change on the temporal distance to death of terminal cancer patients. S 157-162 in: Omega Journal of Death and Dying. Nr.2.

Seidl, E. & Walter, I. (2000): Lebensbewältigung und Information. Eine Studie über alter Menschen nach der Spitalsentlassung. S 36-102 in: Seidl/Stankova/Walter (Hrsg.). Pflegewissenschaft heute, Band. 6. Autonomie im Alter. Wien: Maudrich.

Seligman, M. (1979): Erlernte Hilflosigkeit. München: Urban und Schwarzenberg.

Siegrist, J. (1995): Medizinsche Soziologie. 5. Aufl. München: Urban und Schwarzenberg.

Smoliner, A. (2000): Die Entlassung aus dem Krankenhaus - das Letzte im Rahmen des Pflegeprozesses. S 221-245 in: Seidl/Stankova/Walter (Hrsg.). Pflegewissenschaft heute, Band. 6. Autonomie im Alter. Wien: Maudrich.

Statistisches Jahrbuch für die Republik Österreich. (1999:2000): Österr. Statist. Zentralamt (Hrsg.). Wien: Verlag Österreich.

Statistisches Jahrbuch für die Republik Österreich. (2001): Österr. Statist. Zentralamt (Hrsg.). Wien: Verlag Österreich.

Stefan, B. (1989): Überleitungspflege. Allgemeines Krankenhaus Linz.

Strauss, A. L. (1994): Grundlagen qualitativer Sozialforschung. Datenanalyse und Theoriebildung in der empirischen soziologischen Forschung. München: Wilhelm Fink Verlag.

Verheij, R./Kerkstra, A. (1992): International Comparitive Study of Community Nursing. Avebury.

Walker, S. R. (1988): Quality of life - Priniciples and Methodology. S 151-165 in: Eimeren, W. van/Horisberger, B. (Hrsg.). Socioeconomic Evaluation of Drug Therapy. Berlin.

Wancata, J./Gasselseder, M. (2000): Case Management: Eine Möglichkeit der Koordination von Versorgung? in: Zapotoczky, K./Grausgruber, A./Mechtler, R. (Hrsg.): Gesundheit im Brennpunkt. Eigeninitiative und gesellschaftliche Verantwortung. Band 7/1. Wien: Maudrich.

Weiss, M. (1997): Gesundheitsmanagement. Konzepte und Werkzeuge für Gestalter und Manager. Weinheim: Chapman & Hall.

Wille, E. (1997): Die Kosten-Nutzen-Analyse als Hilfsmittel zur Verbesserung von Effizienz und Effektivität. S 301-316 in: Arnold, M./Lauterbach, K.W./ Preuß, K.J. (Hrsg.): Managed Care -Ursachen, Prinzipien, Formen und Effekte. Stuttgart.

Wlk, W. (1996): Die Liaison-Geriatrie in der Entlassungsvorbereitung. S 330-332 in: Zapotoczky, K./Grausgruber, A./Mechtler, R. (Hrsg.), Gesundheit im Brennpunkt. Initiativen zur Sicherung der Lebensqualität. Band 5. Wien: Maudrich.

Zapotoczky/Grausgruber/Holley (1994): Struktur und Probleme der Gegenwartsgesellschaft. Linz.

Zapotoczky, K/Mechtler, R. (1995): Primärprävention. Reihe Gesundheit - Mensch - Gesellschaft. Band 3 Linz. Trauner Verlag.

Zapotoczky, K./Grausgruber, A./Mechtler, R. (1996): Gesundheit im Brennpunkt. Initiativen zur Sicherung der Lebensqualität. Band 5. Wien: Maudrich.

Zapotoczky, K./Grausgruber, A./Mechtler, R. (2000): Gesundheit im Brennpunkt.Eigeninitiative und gesellschaftliche Verantwortung. Band 7. Wien: Maudrich.

Zapotoczky, K./Gampenrieder, W./Schöppl, I. (2000): Die Schnittstellenproblematik zwischen stationärer und außerstationärer Versorgung - Analyse der Entlassungspraxis aus dem stationären Bereich eines Schwerpunktspitals am Beispiel des Landeskrankenhauses Steyr. Linz.

Zapotoczky, K. (2001): Gesellschaftliche Konsequenzen des zunehmenden Älter-Werdens der europäischen Bevölkerung in: Leitmanova, I. (Hrsg.): Ökonomische Zusammenhänge der demographischen Entwicklung. Band 11. Reihe Gesundheit-Mensch-Gesellschaft. Linz: Trauner Verlag

Zdrowomyslaw; N./Dürig, W. (1997): Gesundheitsökonomie. München, Wien 1997.

Zeitschriften

Der Privatpatient (1/1999): Zeitschrift für das Gesundheitswesen. Ein stationärer Patient und doch ambulant - Bericht über Entwicklung des LKF-Systems vom ersten Halbjahr 1998. S 10 - 11.

Der Privatpatient (11/1999): Zeitschrift für das Gesundheitswesen. ÖKAP-Neu: Schwerpunkte sind Geriatrie und Psyhiatrie. S 9 - 10.

Dorner, W. (6/2001): Ärztekammer diskutiert Gütesiegel für Arztordinationen. Doktor in Wien. S 7.

Pflegezeitschrift (11/1998)

Qualität im Krankenhaus (6/1999). Projektrundbrief Nr. 3,

Thornicroft, G./Ward, P./James, S. (1993): Care management and mental health. British Medical Journal 306: 768-771.

Internetadressen

www.who.int

prenticet@who.int

info@oestat.gv.at

www.oecd.org

www.statistik.at

www.eurostat.at

Abbildungsverzeichnis

Abbildung 1 Altersstruktur der stationär aufgenommenen Patienten am LKH Steyr 1998 16

Abbildung 2 Leitfaden zur Entlassungsvorbereitung - extramuraler Bereich 17

Abbildung 3 Pflegepersonen für ältere Menschen in Privathaushalten bei längerer Krankheit 39

Abbildung 4 Aufnahmeraten pro Bundesland, 1990 und 1995 41

Abbildung 5 Spitalsentlassungen stationär versorgter Patienten 1990 und 1998 nach Abgangsdiagnosen und durchschnittlicher Aufenthaltsdauer (revidierte Zahlen) 47

Abbildung 6 Anteil der Gesundheitsausgaben am Bruttoinlandsprodukt 1985 bis 1995 in Österreich 50

Abbildung 7 Anteil der Gesundheitsausgaben am Bruttoinlandsprodukt 1984 und 1995 im internationalen Vergleich 51

Abbildung 8 Mittelverwendung 1993 52

Abbildung 9 Mittelverwendung 2000 53

Abbildung 10 Strukturmerkmale von Gesundheitssystemen 66

Abbildung 11 Einweisungsmodus für die Aufnahmestation im Krankenhaus in Deutschland 117

Abbildung 12 Prozeßstrukturplan der Überleitungspflege 124

Abbildung 13 Modell des externen "discharge-managers" 129

Abbildung 14 Autonomie des Patienten und positive bzw. negative Konsequenzen 141

Abbildung 15 Regulierung der Selbsteinweisung ins Krankenhaus 143

Abbildung 16 Änderung der Verantwortungsstrukur bei der Einlieferung ins Krankenhaus 144

Abbildung 17 Bevorzugtes Entlassungsmodell 146

Abbildung 18 Art der ambulanten Operation 155

Abbildung 19 Befinden nach ambulanter Operation 157

Abbildung 20 Lebensherausforderungen 164

Abbildung 21 Einnahmenstruktur 2000 der Oberösterreichischen

Gebietskrankenkasse.. 174

Abbildung 22 Ausgabenstruktur 2000 (ca 16 Mrd) der Oberösterreichischen

Gebietskrankenkasse in Prozentangabe...................................... 175

Abbildung 23 Verantwortungsbarrieren im traditionellen Gesundheitsbereich........ 189

Abbildung 24 Vergütungs-/Entlohnungssysteme...................................... 191

Abbildung 25 ABC-Kostenstruktur einer Krankenhausambulanz bei der Behandlung

grippaler Infekte 202

Abbildung 26 Strategisches Denken 204

Abbildung 27 Indikatoren Lernender Organisationen (LO)............................ 206

'

227

Tabellenverzeichnis

Tabelle 1 Gesamtzahl der Ärzte auf 100.000 Einwohner 28

Tabelle 2 Ältere Menschen in europäischen Mitgliedstaaten 37

Tabelle 3 Stationäre Personalentwicklung von 1980 - 1998....................................40

Tabelle 4 Durchschnittliche Verweildauer in Krankenhäusern in der EU 44

Tabelle 5 Wachstum der nominellen Gesundheitsausgaben (GA) und des nominellen

Bruttoinlandproduktes (BIP) in der EU 56

Tabelle 6 Gesamtausgaben für Gesundheit je Einwohner im Jahr 1998 (in KKS)....57

Tabelle 7 Gesundheitsquote im internationalen Vergleich 59

Tabelle 8 Kostenentwicklung der medizinischen Versorgung 60

Tabelle 9 Krankenhausbetten auf 100.000 Einwohner in den OECD Staaten 62

Tabelle 10 Organisationsformen der Gesundheitssysteme....................................68

Tabelle 11 Paradigmenwechsel in europäischen Gesundheitssystemen................70

Tabelle 12 Pro und Kontra verschiedener Entlassungsmodelle mit unterschiedlichen

Zielsetzungen..120

Tabelle 13 Kosten und Finanzierung - durchgeführte Kostenberechnungen und deren

Ergebnisse in den Ländern 136

Tabelle 14 Dimensionen der Lebensqualität 165ʼ

Tabelle 15 Beispiel eines Likert-skalierten Meßinstrumentes (Lebensqualtität

chronisch Kranker)..167

Tabelle 16 Leistungsausgaben der gesetzlichen Krankenversicherung in Mrd. DM176

Tabelle 17 Kostenstruktur in der deutschen Arzneimittelindustrie........................177

Tabelle 18 Ökonomische Anreize für Anbieter, Konsumenten und Adminstratoren im

Gesundheitswesen..186

Tabelle 19 Kosten medizinischer Therapieverfahren nach Zurechenbarkeit und

Tangibilität..195

Abkürzungen

ABC Activity Based Costing

BIP Bruttoinlandsprodukt

GA Gesundheitsausgaben

GGP Großgeräteplan

KH Krankenhaus

KKS Kaufkraftstandard

KTQ Kooperation für Transparenz und Qualität im Krankenhaus

LO Lernende Organisationen

LKF Leistungsorientierte Krankenhausfinanzierung

ÖBIG Österreichisches Bundesinstitut für Gesundheitswesen

OECD Organisation for economic cooperation and developement

ÖKAP Österreichischer Krankenanstaltenplan

PRO Peer Review Organization

TQM Total Quality Management

WHO World Health Organisation

Fragebogen

Expertenfragebogen
Autonomie des Patienten versus Abhängigkeit

1. Führt die Autonomie des Patienten direkt oder indirekt zu positiven oder negativen Konsequenzen seines Genesungsprozesses? Wenn ja, welche sind Ihnen bekannt?

2. Welche Merkmale des Patienten sind determinierend für die Ablehnung oder die Zustimmung zur Eigenverantwortung?

3. Kann Ihrer Meinung nach die Eigenverantwortung des Patienten zur Qualitätssteigerung im intramuralen Bereich führen, indem z. B. die Konkurrenz unter den intramuralen Diensten ansteigt? Wenn ja, warum?

4. In Österreich erfolgt die Einlieferung ins KH zu ca 40 % durch den Patienten selbst; ca. 60 % der Patienten werden vom niedergelassenen Bereich und der Rettung in das Krankenhaus eingewiesen. Unter welchen Voraussetzungen kann eine Erschwerung der Einlieferung ins KH durch den Patienten selbst zu einer Kostensenkung führen und trotzdem eine optimale Versorgung garantieren?

5. Soll bei der Einlieferung ins KH eine Änderung der Verantwortungsstruktur forciert werden? Wie könnte eine eventuelle Änderung aussehen?

6. Bei der Entlassung aus dem KH gibt es derzeit in Österreich keine einheitliche Regelung. In vielen Fällen gibt es keine Person, welche ausschließlich für das Entlassungs-management aus dem KH verantwortlich ist. Oft wird das Entlassungsmanagement "nebenbei" von zB. der Stationsschwester durchgeführt, ist diese krank, gibt es keine Vertretung.

Welche Modelle erweisen sich sowohl aus ökonomischer als auch aus der Perspektive des Patienten am vorteilhaftesten?

a) Entlassungsteam (Arzt, Pflegeperson, Sozialberaterin und Therapeutin) im KH

b) discharge manager im KH angesiedelt

c) discharge manager extern angesiedelt

d) Überleitungspflege: Patient wird auf Probe entlassen und vom KH-personal nach Hause begleitet und für eine bestimmte Zeit bei der Versorgung unterstützt

e) Liaison-Geriatrie

f) sonstige Modelle (bitte kurz beschreiben)

Anhang Artikel 15a B-VG

Der Nationalrat hat beschlossen:

Der Abschluß der nachstehenden Vereinbarung samt Anlagen gemäß Artikel 15a B-VG wird verfassungsmäßig genehmigt.

(BGBl. Nr. 866/1993)

Vereinbarung

zwischen dem Bund und den Ländern gemäß Art. 15 a B-VG
über gemeinsame Maßnahmen des Bundes und der Länder
für pflegebedürftige Personen

Der Bund, vertreten durch die Bundesregierung, und die Länder Burgenland, Kärnten, Niederösterreich, Oberösterreich, Salzburg, Steiermark, Tirol, Vorarlberg und Wien, jeweils vertreten durch den Landeshauptmann, - im folgenden Vertragsparteien genannt -, kommen überein, gemäß Artikel 15a B-VG die nachstehende Vereinbarung zu schließen:

Artikel 1

Bundesweite Pflegevorsorge

(1) Die Vertragsparteien kommen überein, auf der Grundlage der bundesstaatlichen Struktur Österreichs die Vorsorge für pflegebedürftige Personen bundesweit nach gleichen Zielsetzungen und Grundsätzen zu regeln.

(2) Die Vertragsparteien verpflichten sich, im Rahmen der ihnen verfassungsrechtlich zugeordneten Kompetenzbereiche ein umfassendes Pflegeleistungssystem an Geld- und Sachleistungen zu schaffen.

(3) Die Pflegeleistungen werden unabhängig von der Ursache der Pflegebedürftigkeit gewährt.

(4) Unter gleichen Voraussetzungen werden gleiche Leistungen als Mindeststandard gesichert.

Artikel 2

Geldleistungen

(1) Zur teilweisen Abdeckung des Mehraufwandes an Hilfe und Betreuung sichern die Vertragsparteien Pflegegeld zu, das nach dem Bedarf abgestuft ist.

(2) Die Voraussetzungen für die Gewährung von Pflegegeld des Bundes werden mit dem Bundespflegegeldgesetz geregelt. Die Länder verpflichten sich, bis 30. Juni 1993 Landesgesetze und Verordnungen mit gleichen Grundsätzen und Zielsetzungen wie der Bund zu erlassen und bis spätestens 1. Juli 1993 in Kraft zu setzen.

163

(3) Die Gewährung des Pflegegeldes nach dem Bundespflegegeldgesetz geht der Gewährung nach landesgesetzlichen Vorschriften vor.

(4) Das Pflegegeld ist mit Wirkung vom 1. Jänner 1994 und mit Wirkung vom 1. Jänner 1995 mit dem Anpassungsfaktor gemäß § 108 f des Allgemeinen Sozialversicherungsgesetzes in der jeweils geltenden Fassung zu vervielfachen.

(5) Auf die Gewährung des Pflegegeldes besteht unabhängig von Einkommen und Vermögen ein Rechtsanspruch.

(6) Die Länder werden Vereinbarungen gemäß Artikel 15a B-VG treffen, um bei Wohnsitzwechsel des Anspruchsberechtigten zwischen den Ländern Unterbrechungen bei der Auszahlung des Pflegegeldes zu vermeiden.

Artikel 3

Sachleistungen

(1) Die Länder verpflichten sich, für einen Mindeststandard an ambulanten, teilstationären und stationären Diensten (soziale Dienste) für pflegebedürftige Personen zu sorgen, soweit zu deren Erbringung nicht Dritte gesetzlich verpflichtet sind.

(2) Erbringen die Länder die dem Mindeststandard entsprechenden Sachleistungen (Art. 5) nicht selbst, so haben sie dafür zu sorgen, daß die sozialen Dienste bis zu dem in den Bedarfs- und Entwicklungsplänen (Art. 6) festgelegten Bedarf qualitäts- und bedarfsgerecht nach den Grundsätzen der Zweckmäßigkeit und Wirtschaftlichkeit von anderen Trägern erbracht werden.

(3) Die Länder haben darauf hinzuwirken, daß von den Trägern der sozialen Dienste insbesondere die arbeits- und sozialversicherungsrechtlichen Vorschriften eingehalten werden. Ehrenamtlichkeit der Pflegekräfte soll weiterhin unterstützt werden.

(4) Werden für die Erbringung der Pflegeleistungen Kostenbeiträge von den pflegebedürftigen Personen eingehoben, so sind soziale Gesichtspunkte zu berücksichtigen.

Artikel 4

Organisation

(1) Die Länder verpflichten sich, dafür Sorge zu tragen, daß die sozialen Dienste aufbauend auf den bestehenden Strukturen, dezentral und flächendeckend angeboten werden.

(2) Die Länder werden insbesondere dafür sorgen, daß

a) alle angebotenen ambulanten, teilstationären und stationären Dienste koordiniert und

b) Information und Beratung sichergestellt werden.

Artikel 5

Mindeststandard der Sachleistungen

Der Mindeststandard der Sachleistungen hat dem Leistungskatalog und den Qualitätskriteri-
en für die ambulanten, teilstationären und stationären Dienste (Anlage A) zu entsprechen.

Artikel 6

Bedarfs- und Entwicklungspläne der Länder

Zur langfristigen Sicherung des genannten Mindeststandards verpflichten sich die Länder,
innerhalb von drei Jahren nach Inkrafttreten dieser Vereinbarung Bedarfs- und Entwicklungspläne gemäß Anlage B zu erstellen sowie diese innerhalb der vereinbarten Erfüllungs-
zeitpunkte gemäß Anlage B umzusetzen.

Artikel 7

Sozialversicherungsrechtliche Absicherung der Pflegepersonen

Der Bund verpflichtet sich, eine sozialversicherungsrechtliche Absicherung der pflegenden
Personen zu ermöglichen.

Artikel 8

Verfahren

Die Vertragsparteien verpflichten sich, in ihren jeweiligen Gesetzen übereinstimmende
Klagsmöglichkeiten hinsichtlich der Geldleistungen beim zuständigen Landes(Kreis)gericht
als Arbeits- und Sozialgericht bzw. Arbeits- und Sozialgericht Wien vorzusehen.

Artikel 9

Gegenseitige Informationspflicht und Datenschutz

(1) Die Vertragsparteien kommen überein, in ihre jeweiligen Gesetze eine Verpflichtung
aufzunehmen, wonach die Entscheidungsträger und die übrigen Träger der Sozialversiche-
rung, die Bezirksverwaltungsbehörden und Ämter der Landesregierungen auf Verlangen ein-
ander sowie den Gerichten die zur Feststellung der Gebührlichkeit und Höhe des Pflegegeldes erforderlichen Daten im Sinne des Datenschutzgesetzes betreffend Generalien der Anspruchsberechtigten oder Anspruchswerber, Versicherungsnummer, Zugehörigkeit zum anspruchsberechtigten Personenkreis, Art und Einschätzung der Gesundheitsschädigung, das
sind Daten aus ärztlichen Befunden und Sachverständigengutachten, sowie Art und Höhe
von pflegebezogenen Geldleistungen zu übermitteln haben.

(2) Die Vertragsparteien verpflichten sich, in ihre jeweiligen Gesetze eine Ermächtigung
im Sinne des § 7 des Datenschutzgesetzes, BGBl. Nr. 565/1978, aufzunehmen.

Artikel 10

Finanzierung

(1) Der Aufwand für das Pflegegeld ist vom Bund und den Ländern im Rahmen der ihnen verfassungsrechtlich zugeordneten Kompetenzbereiche zu tragen. Die Träger der gesetzlichen Unfallversicherung haben den Aufwand für das Pflegegeld in dem Ausmaß selbst zu tragen, als dieses auf Grund kausaler Behinderungen geleistet wird.

(2) Der Aufwand im Sinne des Artikel 3 ist von den Ländern zu tragen.

Artikel 11

Planung, Forschung, Öffentlichkeitsarbeit

(1) Die Vertragsparteien werden bei der Planung der Maßnahmen in der Pflegevorsorge die gesellschaftlichen Entwicklungen und die Ergebnisse der Forschung berücksichtigen.

(2) Die Öffentlichkeit soll über die Zielsetzungen, die Maßnahmen und die Probleme der Pflegevorsorge informiert werden.

Artikel 12

Arbeitskreis für Pflegevorsorge

(1) Die Vertragsparteien kommen überein, einen Arbeitskreis für Pflegevorsorge einzurichten.

(2) Aufgabe dieses Arbeitskreises ist es, insbesondere

- Empfehlungen über gemeinsame Ziele und Grundsätze für die Pflegevorsorge abzugeben,

- Vorschläge für die Weiterentwicklung der Mindeststandards an ambulanten, teilstationären und stationären Diensten sowie der Bedarfs- und Entwicklungspläne der Länder zu erstatten,

- jeweils bis zum 1. Juli eines jeden Jahres einen gemeinsamen Jahresbericht über die Pflegevorsorge zu erstellen,

- sonstige Empfehlungen auszuarbeiten und Erfahrungen auszutauschen, die für das Pflegeleistungssystem von gesamtösterreichischer Bedeutung sind oder gemeinsamer Regelung bedürfen.

(3) Dem Arbeitskreis gehören an:

- drei Vertreter des Bundes,
- neun Vertreter der Länder,
- ein Vertreter des Hauptverbandes der Österreichischen Sozialversicherungsträger,
- drei Vertreter der Österreichischen Arbeitsgemeinschaft für Rehabilitation,
- ein Vertreter der Bundeskammer für Arbeiter und Angestellte,
- ein Vertreter der Bundeskammer der gewerblichen Wirtschaft,
- ein Vertreter des Österreichischen Gewerkschaftsbundes,

- ein Vertreter der Vereinigung Österreichischer Industrieller,
- ein Vertreter der Präsidentenkonferenz der Landwirtschaftskammern Österreichs.

(4) Der Arbeitskreis wird zumindest einmal jährlich jeweils alternierend vom Bundesministerium für Arbeit, Gesundheit und Soziales und den Ländern einberufen. Die Kosten werden von den entsendenden Stellen getragen.

(5) Die Geschäfte des Arbeitskreises führt das Bundesministerium für Arbeit, Gesundheit und Soziales.

(6) Der Arbeitskreis kann zu den Sitzungen Sachverständige und Auskunftspersonen, insbesondere aus dem Bereich der Wissenschaft und Forschung, beiziehen.

Artikel 13

Personal

Die Vertragsparteien kommen überein, daß insbesondere Aus- und Weiterbildungsmöglichkeiten für Betreuungs-, Pflege- und Therapiepersonal sowie für das Personal zur Weiterführung des Haushaltes gefördert und sichergestellt werden. Die Ausbildungsmöglichkeiten sollen so gestaltet werden, daß die Durchlässigkeit zwischen den einzelnen Helfergruppen gewährleistet ist. Vor allem soll eine Verbesserung der Arbeitsbedingungen bewirkt werden. Die Vereinbarkeit von Pflegeberuf und Familie sowie die berufliche Wiedereingliederung der genannten Helfer sollen erleichtert und verstärkt werden.

Artikel 14

Inkrafttreten

(1) Diese Vereinbarung tritt mit dem zweiten Monatsersten nach Einlangen der Mitteilungen aller Vertragsparteien beim Bundeskanzleramt, daß die nach der Bundesverfassung bzw. nach den Landesverfassungen erforderlichen Voraussetzungen für das Inkrafttreten erfüllt sind, in Kraft.

(2) Das Bundeskanzleramt hat die Vertragsparteien über die Mitteilungen nach Abs. 1 unverzüglich in Kenntnis zu setzen.

Artikel 15

Durchführung

Die Vertragsparteien verpflichten sich, die in ihre Kompetenzbereiche fallenden gesetzlichen Regelungen, die zur Durchführung dieser Vereinbarung erforderlich sind, zu treffen.

Artikel 16

Abänderung

Eine Abänderung dieser Vereinbarung ist nur schriftlich im Einvernehmen der Vertragsparteien möglich.

Artikel 17

Hinterlegung

Diese Vereinbarung wird in einer Urschrift ausgefertigt. Die Urschrift wird beim Bundeskanzleramt hinterlegt. Dieses hat allen Vertragsparteien beglaubigte Abschriften der Vereinbarung zu übermitteln.

Diese Vereinbarung tritt gemäß Art. 14 mit 1. Jänner 1994 in Kraft.

Geschehen in Linz, am 6. Mai 1993

Anlage A

LEISTUNGSKATALOG UND QUALITÄTSKRITERIEN FÜR DIE AMBULANTEN, TEILSTATIONÄREN UND STATIONÄREN DIENSTE

1. Leistungskatalog (Arten der Dienste)

1.1 Betreuungsdienste, zB

- Essen auf Rädern/Mittagstisch
- Weiterführung des Haushaltes
- Hauskrankenpflege inkl. Grundpflege

1.2 Therapeutische Dienste/Rehabilitationsmöglichkeiten, zB

- Physikotherapie
- Logopädie

1.3 Dienste und Einrichtungen zur Aufrechterhaltung sozialer Beziehungen

1.4 Hilfsmittelverleih für die häusliche Versorgung

1.5 Beratungsdienste

1.6 Kurzzeitpflegeeinrichtungen

1.7 Sonderwohnformen, zB

- Altenheime
- Pflegeheime
- Wohngemeinschaften

Länderspezifische Gegebenheiten sind in den Bedarfs- und Entwicklungsplänen der Länder
zu berücksichtigen. Abweichungen von den Mindeststandards sind dann möglich, wenn auf
Grund der örtlichen und regionalen Strukturen kein Bedarf gegeben ist.

2. Qualitätskriterien

2.1 Qualitätskriterien für den offenen Bereich

- Dem pflegebedürftigen Menschen ist, sofern es die örtlichen Gegebenheiten und die Kapazitäten der einzelnen Organisationen und Heime zulassen, nach den allgemeinen Grundsätzen der Sozialhilfe die freie Wahl zwischen den angebotenen Diensten einzuräumen.

- Die Leistungen müssen ganzheitlich erbracht werden. Die Länder haben für die erforderliche Vernetzung und für möglichst fließende Übergänge zwischen mobilen und stationären Diensten zu sorgen.

- Existentielle Betreuungsdienste sind bei Bedarf auch an Sonn- und Feiertagen zu erbringen.

- Die Länder übernehmen die Verpflichtung, für eine entsprechende Sicherung der fachlichen Qualität und Kontrolle der Dienste sowie des Ausbaugrades zu sorgen. Detailregelungen werden in den Bedarfs- und Entwicklungsplänen getroffen.

2.2 Qualitätskriterien für Heime (Neu- und Zubauten)

- **Heimgröße**

  Einrichtungen sind nach dem Kriterium der Überschaubarkeit zu errichten und in familiäre Strukturen zu gliedern. Abweichungen bei bestehenden Einrichtungen sind zulässig, wenn den pflegerischen und sozialen Notwendigkeiten dennoch entsprochen wird.

- **Zimmergröße**

  Alle Zimmer sind pflege- und behindertengerecht mit einer Naßzelle (Waschtische, Dusche und WC) auszustatten. Primär sind Einbettzimmer zu errichten, wobei auf Verbindungsmöglichkeiten zu Appartements teilweise Bedacht genommen werden soll.

- **Besuchsrecht**

  Die Heimbewohner müssen das Recht haben, jederzeit besucht zu werden.

- **Infrastruktur**

  Es sollen Therapieräume, Räume für Tagesgäste und Räume für Rehabilitationsangebote vorgesehen sowie ein breitgefächertes Angebot an Dienstleistungen (zB Friseur, Fußpflege) angeboten werden.

- **Standort und Umgebung**

  Der Standort der Heime muß möglichst in die Gemeinde integriert sein, sodaß Beziehungen zur Umwelt erhalten bleiben.

- **Personal**

  Fachlich qualifiziertes und Hilfspersonal ist in ausreichender Anzahl sicherzustellen.

-- **Ärztliche Versorgung**

Der Rechtsträger hat eine subsidiäre Sicherstellungspflicht für medizinische Belange.
Die freie Arztwahl ist zu gewährleisten.

-- **Aufsichtsregelungen**

Die Länder haben Regelungen für die Aufsicht von Alten- und Pflegeheimen, die insbesondere auch den rechtlichen Schutz der Heimbewohner gewährleisten, zu erlassen.

Anlage B

INHALT UND AUFBAU DER BEDARFS- UND ENTWICKLUNGSPLÄNE

Im Rahmen des Bedarfs- und Entwicklungsplanes soll angestrebt werden, daß für die pflegebedürftigen Personen ein ausreichendes und vielfältiges Angebot integrierter ambulanter Hilfs- und Betreuungsdienste sowie stationärer und teilstationärer Pflegeeinrichtungen zur Verfügung steht. Grundsätzlich soll die Planung auf den bestehenden Strukturen aufgebaut werden.

Aufbau der Pläne:

1. **Rechtsgrundlagen**

   Behindertengesetz, Sozialhilfegesetz, Blindenbeihilfegesetz, Vorschriften für behindertengerechtes Bauen usw.

2. **Bestandsaufnahme (Ist-Situation)**

2.1 finanzielle gesetzliche Landeshilfen und Förderungen pro Jahr

2.2 institutionelle Hilfen, Strukturen und Angebote (ambulante, stationäre, teilstationäre, sonstige)

2.3 Koordinierungs- und Organisationsangebote, insbesondere Sozial- und Gesundheitssprengel, Gesunder Lebensraum etc.

2.4 Personal (diplomiertes Krankenpflegepersonal, geprüfte Pflegehelfer, sonstiges Pflegepersonal)

3. **Strukturanalyse und Entwicklungstendenzen**

3.1 demographische Entwicklung

3.2 pflegebedürftige Personen

3.3 Lebenserwartung

3.4 Haushaltsstrukturen und Wohnbedingungen

3.5 Gesundheitszustand

3.6 sozioökonomische Situation

3.7 sonstige gesellschaftliche Entwicklungstendenzen

4. Personalbedarf

4.1 diplomiertes Krankenpflegepersonal

4.2 Pflegehelfer/innen

4.3 sonstiges Betreuungs- und Hilfspersonal

5. Sozial- und gesundheitspolitische Mindeststandards

5.1 Ziele und Grundsätze

5.2 ambulante Dienste (soziale, medizinische und pflegerische Dienste, Vorsorge- und Nachsorgemaßnahmen, Beratung und Information)

5.3 teilstationäre Dienste (zB Tages- und Nachteinrichtungen)

5.4 stationäre Dienste (zB Pflegeheime, Altenheime, Seniorenwohngemeinschaften)

5.5 pflegefreundliches Wohnen

5.6 Entlastungsmöglichkeiten für Pflegepersonen (Urlaub von der Pflege)

5.7 Einrichtungen für Koordination und Kooperation (Sozial- und Gesundheitssprengel, Vernetzungsmöglichkeiten)

5.8 Sonstiges

6. Feststellung des gesamten Versorgungsdefizits im ambulanten, teilstationären und stationären Bereich unter Beachtung der regionalen Verteilung

7. Maßnahmenkatalog

7.1 im Bereich der Zielsetzungen und Grundsätze

7.2 im Bereich der Angebote und Maßnahmen

7.3 im Bereich der Strukturen und der Organisation

7.4 im Bereich gesetzlicher Maßnahmen

7.5 sonstige Maßnahmen

8. Finanzierung (Kalkulation der Kosten)

9. Umsetzung, Vorgangsweise und Erfüllungszeitpunkte

Das in Punkt 6 festgestellte Versorgungsdefizit ist in allen Bereichen möglichst gleichmäßig abzudecken. Die Umsetzung hat so zu erfolgen, daß bis zu den Jahren 2000, 2005 und 2010 jeweils ein Drittel des Defizits abgedeckt wird.

Bei Unterzeichnung dieser Vereinbarung hat das Land Salzburg folgenden Vorbehalt erklärt:

"Auf Grund der Beschlüsse der Salzburger Landesregierung erkläre ich den Vorbehalt, daß Art. 10 der Vereinbarung landesgesetzliche Regelungen über Kostensätze der Gemeinden zu dem auf das Land fallenden Aufwand nicht ausschließt."

Lebenslauf von Mag. Dr. Ilona Schöppl

geb. 21. 8. 1968

Derzeitige Tätigkeit

Projektassistentin

Berufserfahrung

7/1988 – 12/1989 Bilanzbuchhalterin

1/1990 – 8/1996 Bankangestellte

10/1998-3/2001 Vortragende für Erwachsenenbildung

seit 2/2000 Projektassistentin am Institut für Soziologie, Abt. Politik- und Entwicklungsforschung, Universität Linz

SS 2001 Tutorin für Soziologische Theorie mit historischem Schwerpunkt

Ausbildung

6/1988 Matura an der Handelsakademie Steyr (mit gutem Erfolg)

10/1989 Buchhalterprüfung (mit sehr gutem Erfolg)

1996 – 1999 Studium der Soziologie (mit Auszeichnung bestanden)

WS 1999 Auslandsaufenthalt Universität Rom

März 2000 Sponsion

Forschungspreis der Dr. Maria Schaumayer Stiftung für die Diplomarbeit „Faktoren, die Arbeitsdruck verursachen können"

Rigorosum Oktober 2001 (mit Auszeichnung bestanden)

Publikationen

Mitherausgeber des Bandes 5 der Schriftenreihe GMG „Ergebnis Expertengespräch Schnittstelle intra-/extramuraler Bereich"

Artikel in der Fachzeitschrift „SANITAS" über die Vernetzungsproblematik des intramuralen/extramuralen Bereiches

Autorin in: Gesundheit im Brennpunkt (2002). Der Patient zwischen Vernetzung und Isolation. Band 8.

Linz, 28. Juni 2002